总主编◎刘德海

人文社会科学通识文丛

关于 **发 明** 的100个故事

100 Stories of **invention**

夏 洁◎著

南京大学出版社

图书在版编目(CIP)数据

关于发明的 100 个故事 / 夏洁著. -- 南京 ：南京大学出版社，2018.8(2020.10 重印)

（人文社会科学通识文丛）

ISBN 978 - 7 - 305 - 20488 - 3

Ⅰ. ①关… Ⅱ. ①夏… Ⅲ. ①创造发明－普及读物
Ⅳ. ①N19－49

中国版本图书馆 CIP 数据核字(2018)第 150595 号

出 版 发 行	南京大学出版社
社　　　址	南京市汉口路 22 号　　　邮　编　210093
出 版 人	金鑫荣
丛 书 名	人文社会科学通识文丛
总 主 编	刘德海
副总主编	汪兴国　徐之顺
执行主编	吴颖文　王月清
书　　　名	**关于发明的 100 个故事**
著　　　者	夏　洁
责任编辑	田　甜　官欣欣
照　　　排	南京南琳图文制作有限公司
印　　　刷	徐州新华印刷厂
开　　　本	787×960　1/16　印张 14.75　字数 273 千
版　　　次	2018 年 8 月第 1 版　　　2020 年 10 月第 2 次印刷
ISBN 978 - 7 - 305 - 20488 - 3	
定　　　价	40.00 元

网址：http://www.njupco.com
官方微博：http://weibo.com/njupco
官方微信号：njupress
销售咨询热线：(025) 83594756

回望人类发明之路

　　每天早上，我们睡眼惺忪地关掉闹钟，挤牙膏刷牙，扣纽扣更衣，吃三明治当早餐，戴上手表，准备出门。你可曾想过，这些我们再熟悉不过的过程，到底经过了几种发明？

　　第一个闹钟是谁发明的？牙膏和牙刷又是谁的好点子？纽扣这种方便的玩意儿又是谁起的头？三明治为什么是三层？第一支手表背后又藏了什么故事？

　　我们每天被数以万计的发明包围着，你可曾想过，这些东西打哪来的？它们又是何时被创造出来的呢？

　　发明是人类进步的灵魂，源自人们对于更好生活的真切渴望。而每样发明，也都代表了人类社会某个时期的思想跟价值。

　　例如：印刷术的发展使知识的传播发生了革命性的变化；而13世纪，蒙古军东征带去的黑色火药，打垮了群雄割据的欧洲庄园城堡群，催生了中央集权的"现代国家"；瓦特发明的蒸汽机，开启了机械化生产的大门，把人类推向了一个崭新的"工业时代"；抗生素的发现，治疗了以前被认为是"绝症"的疾病，造福了广大患者；口服避孕药的发明，让女性有了生育自主权……

　　发明带来了社会变迁，而社会变迁也催生各种发明，两者经纬交错，紧密交织，互相推动着人类历史发展的滚轮。

　　人类是唯一可以自行决定未来的物种,明天会发生些什么事? 我们将要面对些什么? 无从知道。从这个角度来看,发明才刚刚开始。

　　本书从浩如烟海的人类创造发明中,撷取了 100 个经典的发明故事,透过 100 样平凡物品背后的不平凡事,带领读者体会创造背后的思想和价值。

　　这些惊人的点子来自何方? 经历了什么样的过程?

　　也许是一次次失败的考验与累积,又或许是阴错阳差误打误撞的巧合,亦可能是灵光乍闪碰撞而出的火花,或是绝望到谷底时破茧而出的想象力……

　　不论为何,这些故事都带给我们不少的思考空间,使我们更能从中体会这些看似平凡的物品,其背后不凡的价值与意义。

　　现在,就让我们回到灵光初闪的那一秒,及时捕捉这些经典发明产生的瞬间吧!

　　发明无所不在。

发明无所不在

我从小就是个好奇宝宝，对我来说，世界就是一座实验室。

还记得小时候，我常常缠着大人问那"十万个为什么"——"电灯是怎么来的？"

"为什么雨伞长这个样子？"

"三明治为什么要叫三明治？它为什么是三层？"

这些问题常问得长辈们烦不胜烦，哭笑不得。

等到更大了一点，我开始试着自己去找问题的答案，也开始"自行生产"一些"发明"。

例如，把糖果加入可乐中，制造汽水喷泉；将闹钟拆得七零八落，观察它内部的构造……这些发明或许不是那么的"实用"，却都成了我日后思考跟学习的养分。

发明，就是一种思考的过程，是人类跳脱既有框架，摆脱惯性思维后的产物。

爱迪生发明电灯前，一共试用了六千多种金属材料，经历了七千多次实验，却都无一例外地失败了。苦恼的爱迪生不想放弃，却又想不出解决的办法，来访好友的一句话点醒了他："你为什么非得找金属材料呢？有没有试过其他的材质？"

忽然，爱迪生脑中灵光一闪，仿佛被闪电打中一般，他注视着好友的棉衣，叫了起来："能给我一片你的衣服吗？"

好友很大方，爽快地剪下衣服的一角。爱迪生将棉线从布料中扯出，然后使其碳化，装入灯泡中。

而这次，这个灯泡居然足足撑了四十五个钟头！这绝对是当时人类历史上的奇迹！

最伟大的发明，可能来自最不起眼的角落。跨领域的异类组合，往往能得到令人意想不到的发现；大胆的尝试，常常会激荡出令人惊艳的火花。

在本书里，我搜罗编撰了 100 个发明的故事，希望透过这些前人的经验，学习敏锐的观察、好奇的探索，并用全新的角度眼光去看我们身处的这个世界。

法国哲学家法朗士曾说："好奇心造就科学家和诗人。"

发明的种子无所不在，只要你有一双发现的眼睛，和一颗好奇的心，又能不断地创新，新发明就会惊奇地出现。

目　录

第一章　我们每天使用却不知由来的玩意儿

第三章　这些发明对人类发展至关重要

第一章

我们每天使用
却不知由来的玩意儿

1
中国皇帝保护了全人类的牙齿
牙刷的出现

牙刷,我们每天要使用的东西,少了它可万万不行,但大家是否知道,第一个发明牙刷的人是谁呢?

明孝宗画像

其实说出来,大概很多人都会惊讶,牙刷,这个看似高科技,且我们每天都不离手的清洁用具,竟然是被一位中国皇帝发明出来的!这个皇帝就是明朝以清正廉洁著称的孝宗朱祐樘。

朱祐樘是一个一丝不苟的皇帝,他有着生活上和精神上的双重洁癖。

何为精神洁癖?

即他对待贪官污吏绝不手软,找他开后门一律行不通;且他只有一位老婆——张皇后,成为中国历史上绝无仅有的一夫一妻的皇帝。

说到生活上的洁癖,就更不必说了,朱祐樘喜欢干净,谁要是邋里邋遢地去见他,准会挨一顿臭骂。

皇宫里的御厨就曾无意间犯了大忌。

有一天,朱祐樘和张皇后一起用膳,由于皇后最近体弱多病,皇帝就想让她多补补,特意嘱咐御厨做一盘香喷喷的红烧肉给皇后吃。

那天,御厨刚接到家里的信,说父亲过世了,他心情低落,只是麻木机械地炒菜装盘,仿佛一具木头人似的。

红烧肉端上桌,皇帝本来很高兴地夹起一块冒着热气淌着酱汁的肉给皇后,让爱妻多吃一点。

但随即,他的眉头皱了起来,目光死死地盯着那块肉看,表情也瞬间严肃无比。

终于,他忍无可忍,大吼一声:"来人!"

太监赶紧跑到皇帝面前,胆战心惊地等候皇帝发话。

"把今天做饭的御厨带过来!"朱祐樘臭着一张脸说。

太监不敢怠慢,赶紧跑到御厨跟前,大喝一声:"拿下!"

御厨连惊愕之声都未来得及发出,就被侍卫们五花大绑了起来。

当瑟瑟发抖的御厨被带到皇帝面前时,朱祐樘压抑不住怒火,用筷子夹起一块皮上带着几根猪毛的猪肉,恼怒地扔到地下,呵斥道:"你是怎么做饭的!这种肉能吃吗?"

御厨一言不发,他知道自己犯了很大的过错,根本不需要辩解。

朱祐樘见御厨不说话,以为对方不知悔改,不由得怒发冲冠,大喝一声:"把他给我拉出去,砍了!"

可怜的御厨这才清醒过来,他颤抖着身子,痛哭流涕地说:"皇上饶命!奴才今日得知家父病故,一时悲痛万分,无心做事,才冒犯了皇上和娘娘!"

其实朱祐樘并不想真的砍御厨的脑袋,他冷静下来,问明事情的原委,便原谅了御厨。

御厨感激涕零,要重新给皇帝做红烧肉,但朱祐樘已经没有吃肉的心情,他摆一摆手,让所有人都退下了。

一连几天,朱祐樘的脑海里都浮现着那块带着猪毛的红烧肉,他对自己那日的态度有点愧疚,总想做点什么事情来弥补。

几日之后,他和张皇后用过晚膳,皇后顺手拿起一根"揩齿枝"清洁牙齿。其实"揩齿枝"就是一根稍经加工的柳枝,常被当时的人们用来剔牙。

朱祐樘见皇后张大了嘴巴费力的样子,不知怎的,他又想起了那块红烧肉,突然,他大叫起来:"我明白了!"

皇后被吓了一跳,连忙问他发生了什么事。

朱祐樘神秘兮兮地笑道:"过几天你就知道了。"

他命下人用骨头打造了一支手把,然后用剪得整整齐齐的坚硬的猪鬃插入手把的一端,便做出了一支能够清除口腔污垢的用具,也就是如今所说的牙刷。

皇后看到牙刷后,高兴极了,她试用了一下,发现果然非常方便,于是,皇帝就命令宫里人都使用牙刷来清洁口腔。

可想而知,所有人都对牙刷赞不绝口。

后来,牙刷这个日用品慢慢地流传到宫外,老百姓们也享受到了这种福利。

和面"和"出来的牙膏
现代牙膏的雏形

有了牙刷，没有牙膏怎么行？

这是现代人的观念，因为牙刷与牙膏总是密不可分的，可是在古人的心目中，这两样东西是可以分开使用的。

这倒不是说古人懒惰，而是他们确实没有想过牙膏应该搭配牙刷！

公元 1840 年，法国人发明了金属软管，这种管子可以被随意揉捏，但是不会损坏。一时间，人们趋之若鹜，觉得金属软管是个了不起的物品，可以用来装很多东西。

比如，它可以装水等液体，但精明的商人们大部分是将其作为食物的外包装，他们心知这种新鲜玩意儿定能吸引很多人的目光。

只有一个名叫赛格的维也纳人想到了金属软管的不同用途。

赛格是个挑剔的人，他特别喜欢一句话：好的开端是成功的一半，当然，翻译成中文或许更贴切：一日之计在于晨。

可是每一天，在早晨起床后，他总要面对他最不愿意做的事，那就是刷牙，眼看着一个个好日子在一开始就被刷牙破坏掉了，他总是非常气恼。

当时的"牙膏"是古埃及人发明的，主要原料为白垩土的沉积物、动物的骨灰粉末或植物粉末，所以它是粉末状的，和今日的牙膏完全不一样。

用粉末刷牙，自然缺点很多，比如粉末会被人吸到鼻子里，呛进喉咙里，引发咳嗽，然后粉末如白雪般漫天飞舞，黏在人的脸上、头上，刷牙不成反要洗澡。

还有些人担心牙膏粉会变质，那样的话口腔不仅清洁不了，还会遭到更大的污染。

赛格觉得要解决牙膏的使用问题，首先得把它存放在一个更便捷的容器里，于是他想到了金属软管。

他试着将牙膏粉末一小撮一小撮地塞进这种软管中，然后发现软管果真能避免牙膏粉被污染，对此他洋洋得意，还对妻子丽娜吹嘘了一番。

可是丽娜很快就抱怨道："这种软管一点都不方便，我要么挤不出牙膏，要么一挤就是一大堆！"

4

实际上,赛格也遇到了同样的问题,但出于男人的自尊心,他不肯承认自己的试验有问题,就反驳丽娜大惊小怪,暗地里却继续寻找着改良的方法。

一天,丽娜做糕点。

赛格饶有兴趣地看着妻子在厨房里忙。

只见丽娜在面粉中兑入了一勺水,然后用手揉搓起来。不久之后,面粉就成了一团雪白的面团,再也不会散落得到处都是了,看来水具有神奇的功效啊!

对了!就是水!

赛格脑中灵光一闪,他知道自己找到解决挤牙膏难题的办法了。

他将一些液体兑入牙膏粉中,使牙膏变成了一种黏糊糊的固体,然后将这种牙膏放入软管中,于是,一款与现代牙膏近似的日用品诞生了。

赛格的牙膏由于使用量能随意控制,而且不容易变质,所以一问世就受到了人们的热烈欢迎,赛格也因此申请了专利,大大赚了一笔。

不过这种早期的牙膏没有改进原料,人们在刷完牙后,嘴里混合着白垩土、肥皂和各种液体,依旧感觉不到口腔是干净的,有些人甚至还觉得很恶心。

这种情况直到第二次世界大战到来时才得到改善,因为牙膏商们终于发现了一种既可以达到清洁效果,又能使口腔清爽的物质,那就是碳酸氢钙。

所以,直到20世纪40年代,现代牙膏的雏形才真正出现。后来,人们又陆续在牙膏中加入了摩擦剂、保湿剂、防腐剂、氟等物质,不仅增加了牙膏的使用寿命,还使牙膏具备了防止发炎、龋齿等牙病的功能。

从此,牙膏成为人类必不可少的物品,一直沿用至今。

小知识

洁齿品的使用可追溯到2000～2500年前,希腊人、罗马人、希伯来人及佛教徒的早期著作中都有使用洁牙剂的记载。而中国在唐朝时期就已经有了中草药健齿、洁齿的验方。

③ 鱼刺带给皇后的启示

梳子的由来

中国上古有个神仙,叫黄帝,这个黄帝和中国的皇帝一样,也有好几个老婆。这样一来,后宫争斗就少不了,这也着实让他有点左右为难。

在这些老婆中,属大老婆嫘祖最能干,她发明养蚕的技术,让人们都穿上了漂亮的衣服。

二老婆方雷氏想不出办法来超越嫘祖,就干脆在对方的发明上做出了改进,她用骨头做成细细的缝衣针,把线穿在骨针的尾部,这样就能缝制出精巧的衣服了。

所有人都对方雷氏的骨针赞不绝口,但方雷氏并没有很高兴,她总是觉得自己在拾嫘祖的牙慧,便想再制作一些与众不同的东西。

有一年,黄河发大水,让百姓们吃了很大的苦头,但也有了一些意想不到的收获。比如,发明舟船的货狄就从洪水中捕捞到19条大鱼。

货狄很高兴,忙不迭地找来黄帝的三老婆彤鱼氏,请求对方烧鱼给他吃。

彤鱼氏是一个贤惠的女人,在宫中专管人们的衣、食、住、行,或许是太过操劳,她生了一场大病,连起床的力气也没有了,更别提替货狄烧鱼了。

货狄没办法,只好去找看起来精明能干的方雷氏。

方雷氏见货狄找自己做本该彤鱼氏做的工作,非常高兴,便卖力地烧鱼,直把鱼烧得香气四溢,把货狄馋得口水直流。

待鱼烧熟后,方雷氏揭开锅盖,货狄早已冲上来,一口气吃掉了大半条鱼,他边吃边吐刺,很快,地上便横七竖八地堆满了鱼刺。

方雷氏顺手拿起一根鱼刺,正好她头皮有点痒,就折了一节替自己挠头。

没想到,奇迹发生了!

方雷氏凌乱的头发在鱼刺的拨弄下,居然变得整整齐齐!

"真奇怪呀!没想到鱼刺还有这种功能!"方雷氏惊讶地说。

她联想到自己平日里给宫女们捋头发的情景,她身边共有二十名宫女,每个人都不修边幅,一到重大节日依旧是蓬头垢面的肮脏模样,让方雷氏抬不起头来。

为了自己的形象，她经常给宫女们捋头发，因为人太多，等宫女的头发全都捋顺了，她的手指往往要痛上好几天。

也许，这些鱼刺可以代替她的手梳头发呢！

方雷氏心中暗喜，便悄悄地把货狄吃剩的鱼刺全部收集起来。第二天，她将鱼刺折成一截一截的短节，然后发给宫女，教她们梳理头发。

宫女们嘻嘻哈哈地拿起鱼刺就往头发里送去，但没多久，有人"哎呦"地惨叫起来，原来她把鱼刺扎进了头皮中；也有人"唉"地叹息起来，原来她手劲太大，把鱼刺给掰断了。

大家纷纷抱怨道："还不如用手捋头发呢！这些鱼刺太危险太不结实啦！"

方雷氏只好把鱼刺全收走了，但她是个意志坚定的女人，觉得自己的思路是没有错的，只是选用的工具不对而已。

她冥思苦想之后，找来了为黄帝做木工的睡儿，要对方做一把梳子，且梳子的一端有一根根竖立起来像鱼刺一样的东西。

睡儿从未做过"梳子"，有点丈二和尚摸不着头脑，但他自恃技艺高超，当即就承诺三天之后给方雷氏梳子。

戴进《洞天问道图》，描绘黄帝在崆峒山向广成子问道

到了第四天，方雷氏去取梳子时，睡儿将木凳大小的"梳子"拿了出来，顿时让方雷氏笑得前仰后合。

睡儿莫名其妙地问："你要的不就是这个吗？"

方雷氏好不容易忍住笑，回答道："我要的梳子是能给人梳头发的，你看你做的，一个个木齿比人的手指都粗，哪像梳子，分明像个耙子！"

这时，睡儿才知道梳子的功能，他也笑了，并答应方雷氏重新给她做一把合适的梳子。

　　经过与几个能工巧匠的讨论,睡儿决定用纤细而不易折断的竹片做梳子,这一次他做出来的梳子大小刚刚好,他还细心地磨圆了梳齿的顶部,不让梳头的人感觉到任何不适。

　　方雷氏用这把梳子梳了一下头,结果没梳几下,她的头发就非常整齐了。

　　她欣喜万分,连忙请睡儿多造一些梳子,好分发给宫女。

　　后来,大家都知道了方雷氏的梳子好用,也都学着给自己做梳子,于是梳子便成为千家万户普遍使用的梳头工具了。

小知识

　　关于梳子的发明,史书的说法是:"赫胥氏造梳,以木为之,二十四齿,取疏通之意。"认为梳子是炎帝身边的一个人发明的,这个人名叫赫廉。

4 让法老心花怒放的错误

小厨师与肥皂

肥皂是人类最古老的清洁用品，你知道它诞生于哪里吗？

原来，它和牙膏一样，产生于埃及，而且跟埃及法老胡夫还有一段故事呢！

有一次，法老打了大胜仗，他得意万分，一回到宫里就命令仆人们大开筵席，说是要款待从战场上凯旋的将士们。

由于王公贵族们都会参与这次庆功宴，宫里的总管不敢怠慢，急急忙忙奔向厨房，要厨子们赶紧行动起来，为法老和贵族们做一桌好菜。

这时，一个刚进宫不久的小厨师端着一盆水，从总管身边走过，他一不小心撞到了总管的身上，水盆顿时被打翻，水洒得满地都是。

"你是怎么搞的？把我的衣服都弄脏了！"总管厉声斥责小厨师。

小厨师被吓得连连后退，当他退无可退时，双手不知怎么安放才好，竟然猛地一推，将装满了羊油的罐子碰翻在地。

立刻，羊油汇聚成几股，向着人们的脚下蔓延开来。

古埃及法老聚会的壁画

总管本就对冒失的小厨师心怀不满，眼下见对方又洒了珍贵的羊油，就越发怒不可遏，指着小厨师的鼻子大骂道："我要把你拖出去问斩！"

其他厨师怕事态闹大，连忙捧出草木灰，将羊油盖起来，待灰烬吸完油后将其扔到室外，以便消除羊油的痕迹。

可是总管不依不饶，一定要治小厨师的罪。

大家都为这个还未满十六岁的孩子捏了一把冷汗，一个老厨师看小厨师饱含热泪，浑身哆嗦个不停，心中大为不忍，他搓着手，拼命想着怎样救这个孩子。

忽然,他觉得手上非常干净,像从未沾过脏东西一样。

奇怪,他暗想,我刚才明明碰了羊油,也碰了草木灰,怎么可能手变得如此干净清爽呢?

莫非,这两种东西混合在一起可以清洁双手?

老厨师眼前一亮,快速走到小厨师跟前,凑近对方的耳朵说了几句悄悄话。只见小厨师用难以置信的眼神望向这位长辈,后者则点着头给予他肯定,于是他也就充满勇气了。

当法老派出侍卫来抓捕小厨师时,小厨师用坚定的口气说:"麻烦你们向尊贵的法老通报一下,我这样做是有原因的!"

总管从鼻子里发出冷笑声:"有什么原因? 你不要找借口!"

侍卫们面面相觑,显得犹豫不决,小厨师再度胸有成竹地说:"你们去通报一下,法老不会责怪你们,也许你们待会儿还有好处呢!"

侍卫们半信半疑,就返回去将小厨师的话告诉了法老。

正巧法老与将士们在一起喝酒,喝得非常高兴,法老一开心,就下令道:"将那个胆大包天的厨师带过来,我倒要看看他要说什么!"

侍卫便将小厨师带到法老面前。

可怜的小厨师是第一次见法老,难免有些胆战心惊,他大气都不敢出一下,战战兢兢地演示了一遍将羊油与草木灰混合在一起,然后洗干净双手的过程。

当他的双手真的变得很干净时,他松了一口气,而筵席上的人眼睛也瞪直了,大家发出惊呼声,纷纷赞叹小厨师的聪明。

法老盯着小厨师手中凝结成块的草木灰,忽然爆发出一阵大笑:"你做得很好! 我要重重赏你!"

就这样,小厨师因祸得福,受到了嘉奖,而他手中的炭饼,就成了世界上的第一块肥皂,逐渐在全世界流传开来。

小知识

公元 70 年,罗马帝国学者普林尼,第一次用羊油和木草灰制取块状肥皂成功。后来,法国化学家卢布兰通过实验,用电解食盐的方法制取烧碱,成本大大低于英国人用煮化的羊脂混以烧碱和白垩土制肥皂。从此,肥皂才逐渐普及至人民所用。

5

当蜂蜜碰上杏仁

糖果的最早由来

糖果谁都爱吃,可是有谁知道它是怎么来的呢?

我们如今能吃到糖果,要感谢古罗马人,是他们让糖果发扬光大,而且他们还创造性地发明了夹心糖果这一产品。

在 2000 多年前,罗马人喜欢上了蜂蜜这种美食,蜂蜜因为是甜的,所以被广泛应用于餐桌上。

那时,有个名叫蒂塔的小女孩也很喜欢吃蜂蜜,不过她对蜂蜜似乎有一种狂热的喜爱,不仅在用餐的时候吃,在平时更是把蜂蜜当成零食。

幸好蒂塔出生于一个贵族家庭,否则她不会有机会接触到蜂蜜这种甜食,又或者她根本连甜食是什么都不清楚。

由于出生优渥,蒂塔并不珍惜粮食,她不好好吃饭,经常吃一点就扔一点,让家人很不满意。

而且她还有个坏脾气,她禁止仆人吃她扔掉的食物,仆人们只好摸着饥肠辘辘的肚子,眼巴巴地看着那些食物被白白地浪费掉。

有一次,蒂塔的母亲命仆人给蒂塔送去一些杏仁,并叮嘱仆人一定要看着蒂塔把杏仁吃完。仆人见女主人神情严肃,知道杏仁肯定不得蒂塔喜欢,就偷偷地先尝了一颗。

他咬了第一口,觉得有点涩,但随即,一股馨香在他口中弥漫开来。他又嚼了几下,觉得非常好吃。

但蒂塔是不喜欢的,因为杏仁有点苦。

仆人叹了一口气,知道这些杏仁又要被浪费了,心中觉得很可惜,可是他也没办法,只好去找蒂塔。

果然,蒂塔挑剔得很,她用食指和拇指捻起一颗杏仁,像吃毒药一般地放入唇间,尝试性地咬了一下。

"哎呀!好苦啊!"蒂塔大叫道。

她不高兴地一甩手,将一盒子杏仁甩得满地都是,不巧的是,有一颗杏仁被甩进了开着盖子的蜂蜜罐中。

顿时,蒂塔发出了惊天动地的尖叫,吓得仆人差点晕倒。

"快! 快把它弄出来!"蒂塔指着罐子,发出刺耳的呼叫。

仆人赶紧找到一个勺子,将沾满了蜂蜜的杏仁从罐子里捞出来。

"快! 扔了它!"蒂塔持续不断地喊叫着。

仆人无奈地将裹着蜂蜜的杏仁扔在了一棵棕榈树下,至于其他的杏仁,则在蒂塔的要求下被直接扔到了下水道里。

当做完这一切后,蒂塔又开心起来,她抱起蜂蜜罐子,继续往嘴巴里塞甜食,而跟在她后面的仆人则暗暗摇头,替那些杏仁感到惋惜。

由于蒂塔不允许仆人吃掉自己丢弃的食物,这个仆人只好对着棕榈树下的杏仁默默地流口水。

转眼一天过去了,他仍对那颗杏仁念念不忘,甚至连睡觉时也惦记着它。

第二天,他找了个理由出门,悄悄来到了昨天的棕榈树下。

令他高兴的是,那颗杏仁仍旧躺在泥地里,由于周身裹着蜂蜜,它看起来金光闪闪,像一个金黄色的琥珀。

仆人抓起地上的杏仁,发现由于阳光的照射,杏仁上的蜂蜜已经被晒得发硬了。他吹了吹杏仁,希望能吹掉脏东西,但实际上那些尘土已经和蜂蜜混杂在一起,无法弄干净了。

仆人也不管了,就直接将杏仁塞进嘴巴里。

一瞬间,他的嘴里四处流淌着甜香的唾液,蜂蜜的甜味中夹杂了杏仁的苦味,让杏仁变得异常可口。

太好吃了! 仆人这辈子从未吃过如此美食,不由激动得热泪盈眶。

于是,他将这个秘密告诉了在主人家做厨娘的妻子。

后来,妻子在一次晚宴上摆了一盘裹着蜂蜜的杏仁糖,获得了客人们的一致好评。

就这样,这种最原始的糖果就开始风行起来,而蒂塔从此又多了一个不离手的甜食,那就是被晒干的杏仁糖。

小知识

由于糖果的价格昂贵,直到 18 世纪还是只有贵族才能品尝到它。但是随着殖民地贸易的兴起,蔗糖已不再是什么稀罕的东西,众多的糖果制造商在这个时候开始试验各种糖果的配方,大规模地生产糖果,从而使糖果进入了平民百姓家。

小小野草能"砍"树

鲁班与锯子的发明

锯子是木工必不可少的工具之一,用它来锯木头,既方便又快捷,而且伐木工砍树时也离不开锯子,可见这种工具的重要性。

不过在2500多年前,世界上是没有锯子这一工具的,所以木工们工作都非常辛苦,为了取得不同长度的木材,只好用斧头砍,这就带来了一个问题:容易砍歪,然后又得重来。

后来,中国木工的祖师爷鲁班出生了,他的出现使得木匠工艺快速提升,而且他心灵手巧,发明了很多有用的东西。

鲁班一天天地长大,手艺越来越精湛了,名气自然也水涨船高,连皇帝都知道了。

周朝皇帝心想:"我正好要建一座宫殿,何不让鲁班过来帮忙?既然他是能工巧匠,肯定能给我一个惊喜吧!"

于是,皇帝就召鲁班进宫,派给后者任务。

皇帝可能是太过迷信鲁班的技艺了,竟然要求鲁班用三个月的时间将宫殿造好。鲁班非常吃惊,告诉皇帝木工的工作没那么容易。

哪知皇帝却发怒了:"你不是很能干吗?为什么要告诉我不行?我不管,你一定要在三个月内把宫殿建好!"

鲁班无可奈何,只好和手下的匠人们开始画图纸筹备木料。

由于造宫殿所需的木料特别多,工匠们光是砍树就要花费很长时间,眼看着一个月快过去了,为建筑准备的木材仍旧远远不够,鲁班很心急,他决定亲自上山,看看有没有什么砍树的好办法。

由于上山的路特别难走,鲁班不得不扶着路旁的树木爬山。

当他来到一个陡坡时,发现这个山坡光溜溜的,除了一些野草,其他什么树木也没有。

这个时候,鲁班没有替自己担心,反而皱着眉头想:工匠们每天都要从这样的山坡上寻找木料,多么不容易啊!

为了赶时间,鲁班不再多想,他抓起一把野草就往山顶上走去。

就在这个时候,他感觉手上传来一阵疼痛,连忙张开五指一看,自己的手掌竟然被野草割出了好多的小伤口,还流出血来!

这野草怎么有这么大的威力呢?

鲁班很疑惑,他顾不得擦拭鲜血,转而拔下了脚边的一株野草,仔细观察。

他发现,这种野草的叶片上有很多小细齿,这些细齿非常锋利,正是他手上伤口的元凶!

真没想到,一株小小的野草破坏力还真大!鲁班不由地大发感叹。

他来了兴致,干脆坐在山路上,认真思索起来。

"如果自己造一把工具,让这种工具也具备像野草那般锋利的细齿,也许砍树的工作就能节省很多时间呢!"鲁班兴奋地想。

他觉得这个办法非常可行,便立即起身下山,去做那种工具。

经过一天的反复打造,鲁班在一根金属条上雕琢出了很多细齿,然后他将金属条镶嵌在一个弓形的木架上,一个全新的木工工具就完成了!鲁班将工具命名为"锯子",为了试验锯子的威力,他抓起一根木头锯了起来。

很快,木头被锯开了缝,发出了嘶哑的声音,木屑也不断地漂浮到空中。

鲁班用了很短的时间就锯断了木头,他激动地抓起被锯的切面查看,发现锯子可以将木头锯得非常平整,完全不需要再用斧头砍了。

"太好了!这下我们的时间足够了!"鲁班高兴地叫起来。

他将其他木匠召集起来,跟他们说明了锯子的工作原理和制造方法,大家都钦佩不已。

于是,他们打造出很多锯子来使用,让木工的工作更方便了。后来民间的木工都开始用起了锯子,这就是锯子的由来。

小知识

考古学家发现,中国人早在新石器时代就会加工和使用带齿的石镰和蚌镰,这些是锯子的雏形。鲁班出生前数百年的周朝,已有人使用铜锯,"锯"字也早已出现。

7

可以移动的"小亭子"

云氏与雨伞

鲁班是中国的木匠之祖,相传他能做出各种家具,甚至还能发明会活动的机器动物,让后人崇拜不已。

鲁班的妻子云氏也是一个能工巧匠,她的木工手艺也非常棒,有时候连丈夫鲁班都为之惊叹。

不过云氏秉承着"男主外,女主内"的信条,并不跟丈夫抢工作做,而是在家做家事,带孩子养老人,默默地支持着丈夫的事业。

鲁班很感激云氏的无私奉献,总是尽量早点回家,有时候经过热闹的市集,也会给老婆带一些礼物回来。

而每当鲁班踏着夕阳回家时,云氏已经准备好了一桌热腾腾的饭菜,在门口深情地等待着丈夫的归来。

后来,鲁班的名气大了,请他做工的人也多了,他逐渐忙得没时间回家吃饭,就算回到家中,也已经是深更半夜,累得往床上一躺,很快就进入了梦乡,连跟云氏说句话的时间都没有。

时间一长,云氏很不高兴,她要求鲁班回家早一点,没想到鲁班却皱着眉说:"我要是不拼命工作,谁来养家糊口?你居然还怪我?"

云氏一听,大怒,起身说道:"我也是有本事的人!如果我去做工,一定做得比你好!如果不是为了你,我才不会总坐在家里吃闲饭呢!"

鲁班一听,也发起火来,说:"好啊!那我们就比一比,我要是输了,每天早早地回家;你要是输了,就别再碎碎念了!"

云氏点头道:"可以!但你可别后悔!"

既然夫妻二人打了赌,赌注也有了,那到底赌什么呢?

还是云氏机灵,她说:"明天我去接你,我们让别人评判一下,看谁的技艺高超!"

鲁班气鼓鼓地同意了。

这一晚,夫妻二人都在盘算明天该做一件什么东西超越对方,因此都没睡好。

到了第二天,云氏随鲁班一起来到了工地,大家见鲁班带着老婆来了,都哂笑道:"嫂子这么不放心大哥呀!"

云氏黑着脸,把昨天与鲁班的约定告诉了大家,这下众人惊奇不已,想看看云氏到底有怎样的本事。

正巧,这时候天下起雨来,众人起哄道:"你们就比谁先到家,但身上不能被雨水打湿哦!"

鲁班心想,这有什么难的!

他给自己打造了一个大篮子,然后头顶篮子就开始往家里走。

云氏这时还没有动静,她正在思考该造一个什么样的东西避雨才好。

再说鲁班,他走着走着,发觉雨越来越大了,再这样下去篮子肯定挡不了雨了,他在情急之下,赶紧造了一座亭子来避雨。

在远处的云氏将鲁班的所作所为尽收眼底,她一会儿想到鲁班头上的篮子,一会儿想到鲁班造的亭子,不由地思忖起来:"要是我能造个移动的'亭子',不就解决问题了吗?"

歌川国芳所绘的江户时代的持伞女子

想到这里,她莞尔一笑,开始找起竹子来。

大家看到云氏终于行动了,又开始起哄,声音之大,连屋外的鲁班都听到了。

其实鲁班知道妻子手艺不错,他怕自己被比下去,就使起了蛮力,造起了一个接一个的小亭子,希望能借这些亭子助自己回家。

　　云氏依旧不紧不慢地工作着,她劈出了一根一根的竹篾,然后以竹篾做骨架,蒙上了一块兽皮,最后她用一根木棍做杆,撑起了兽皮。

　　这个东西撑开后,就如同一个微缩版的亭子,而收起来后,又如同一根棍子,如此精巧的技艺让人们纷纷拍手叫好。

　　云氏撑开"小亭子",大踏步地走了出去。

　　鲁班见妻子追了上来,更加心急,一口气造了十余座亭子,但他的手脚再快,造亭子也是需要很多时间的,当鲁班终于回到家时,云氏早就在家门口等着他了。

　　鲁班服输,低声下气地求妻子原谅自己,当他看到云氏造的"小亭子"时,顿时惊讶极了。

　　这时,他不得不佩服妻子的智慧,于是赞叹地问道:"你造的这个叫什么?"

　　云氏想了想,笑道:"就叫它伞吧!"

　　于是,下雨天用来避雨的伞诞生了。

小知识

　　在西方,伞一度是女性的专用品,表示女人对爱情的态度:把伞竖起来,表示对爱情坚贞不渝;左手拿着撑开的伞,表示"我现在没有空闲时间";把伞慢慢晃动,表示没有信心或不信任;把伞靠在右肩,表示不想再见到你。

8

六千年前的灵光一闪

纽扣的问世

说起纽扣，大家应该不会陌生，在日常生活中，我们几乎每天都要接触到纽扣，因为它就在我们的衣服上。而且大部分的衣服，都是有纽扣的。那么，纽扣是怎么来的呢？

接下来我将说明它的由来，请不要惊讶，小小一颗纽扣，它的历史竟然已经有6000年之久了！

法国国王路易十四，曾经创纪录地用一万三千颗珍贵纽扣镶做了一件王袍

话说在西亚的伊朗高原上，曾经住着一群原始人，他们就是波斯人的祖先，以家庭为单位，组成了一个一个最小的群落，在高原上顽强地生活着。

其中，有一个名叫阿卡的人，他是一个家庭唯一的男丁，也是一个儿子和两个女儿的父亲。

由于家里女人太多，打猎的重任就落在阿卡的身上，这让阿卡感觉有点吃力，并且他受伤的概率比其他人也要大很多。

不过，阿卡也有骄傲的地方，因为他家中的女人们都心灵手巧，能够用兽皮做出很美观的"衣服"。

当时的衣服，其实就是一块兽皮而已，而兽皮的来源，则是男人们打回来的猎物。

虽然处于不发达的原始社会，但人们已经有了羞耻心，女人们会在自己的身上裹上动物的毛皮，而男人们虽然穿得少一些，却也懂得用衣服来遮羞和御寒。

阿卡家的女人与其他女人不同的是，她们不是简单地将兽皮剥下来裹在身上，而是会用锋利的石刀将兽皮裁成各种形状，用骨针和线将兽皮缝制起来。

不过衣服不能缝得密不透风，要能穿得上，同样也得能脱得下来啊！所以衣服的前襟是敞开的，要是感觉冷了，就用手把前襟合在一起。当然，这样也不是很方便。

阿卡倒不在意这个问题,他觉得有了特制的兽皮外套,走在外面都风光很多,于是他干劲十足地想:"我一定要猎到更多的猎物,让妈妈、老婆、女儿做更多的衣服!"

有一天,他在树林里和一头猛虎相遇。

虽说阿卡有丰富的狩猎经验,但这只老虎的个头实在太大了,他无法与之抗衡。

阿卡犹豫了片刻,便转身逃跑。

老虎穷追不舍。

此时阿卡成了猎物,而老虎则成了狩猎者。

阿卡飞奔向前,却没忘抓紧手中的长矛,他在潜意识里认为,如果不幸被老虎追到,他起码也要拼死一搏,这样才不至于死得窝囊。

阿卡跑着跑着,忽然看到前方的路被两棵大树挡住了,而两树的中间只有一道很窄的裂缝,不知能否爬进去。

完了! 这是上天不让我活啊!

阿卡几乎要绝望了。

为了活命,他只能从树缝中爬进去,就在他刚钻出树缝的一刹那间,他的腰被一个硬邦邦的东西猛地撞了一下,撞得他一头栽倒在草地上。

这时,他的身后传来了老虎凄厉的咆哮声。

阿卡紧张地向背后望去,顿时大笑起来。

原来,老虎捕食心切,竟然不顾树缝的狭小,妄想冲过缝隙,结果被卡在了缝中,动弹不得。

既然老虎成了困兽,阿卡就轻易地把它给杀死了,当晚,他拖着死虎回到家中,家里人都非常高兴。女儿们开始商量起该如何裁剪这张虎皮。

阿卡听着女儿的讨论,眼前又浮现出老虎头被树缝夹住的情景,在一瞬间,他忽然有了灵感:如果衣服上裁出一条细缝,然后再放个圆圆的东西进去,两片衣服不就能扣上了吗?

他连忙将这个想法说了出来,大家听了之后都觉得是很不错的方法,便商量着怎么去做那个"圆圆的东西"。

第二天,阿卡的女儿找来了几块圆形的小石头,然后和母亲一起把石头磨得薄薄的,为了让石头能缝在衣服上,她们又在石头上钻出了两个小孔。第一颗纽扣就这么做成了。

女人们将纽扣缝到新做好的虎皮衣服上,发现新衣服的前襟终于可以不用手就能合上了,而且还能脱下来,立刻欢呼不已。后来,她们又做了更多的纽扣,而纽扣这项发明也因此流传了下来。

小知识

纽扣为何男士在右,女士在左?

因为现代服饰是以西方服饰为基础的。西方人普遍穿着衬衫和西装,纽扣在右边符合人扣纽扣的姿势习惯。

而在若干年以前,在西方,小姐们一般是不自己扣纽扣的,而是由伺候小姐穿戴的女仆扣纽扣,为了让女仆扣纽扣的时候方便,所以女士服饰的纽扣和男士是相反的。

⑨ 窑工在古代原来是武器专家

砖是怎么产生的

砖是现代建筑不可或缺的工具，没有了它，一栋栋房子就建不起来，中国人就只能继续用木材盖房子，而西方人还得吃力地寻找石头做建筑原料呢！

那么砖是从何时出现的呢？

这要追溯到原始社会一个名叫"陶"的人身上了。

当时人们已经懂得使用火，经常用火来烤食物，不过天公有时并不作美，总会刮起大风，火苗就被吹得奄奄一息，眼看就要熄灭了。

为了保护火种，人们想了一个办法：用泥土围成一个四方形的墙，只在最上面留一个孔洞，这样火就不容易灭了，而且还能防止烟熏。

很快，问题又来了，泥做的围墙怕水，被雨水一冲就垮了！

"唉！这该如何是好啊！"人们摇头叹息。

这时，陶出场了。

他发现，即便围墙被冲垮，围墙靠火的那一面却变得有点硬，甚至可以说是结实。

他灵机一动，心想："如果让围墙的里外都用火烤一下，不就能防雨水了吗？"

于是，他将围墙砌成了一个四面土坯，待土坯靠火的一面被火烤得差不多时，就把土坯给"转"一下，让未受火烤的一面开始承受高温，由于转的次数太多了，陶便把这种土坯称为"砖"，世界上的第一块砖就这么诞生了。

不过这种砖并非作为房屋建筑材料而用的，只是为了保护火种，而且在烧制过程中，很容易就碎成更小的块状，让陶懊恼不已。

有一天，他烧制的砖又碎了，他拿起一块砖渣在手上掂量，思索着改善砖的办法。

在掂量砖的时候，他觉得砖硬得像块石头，不由地转念一想："为何不用砖来打猎呢？这样就省得四处寻找石头了！"

他想到这一点，顿时雀跃万分，开始造一种适合狩猎用的砖器。

很快，部落里的竞技比赛如火如荼地展开了，陶拿着自己烧制的砖去报名，却遭到了人们的一致嘲笑。

21

部落的酋长也笑道:"大家用的都是锋利的石头,你怎么用砖啊? 这样行吗?"

陶却胸有成竹地拍一拍胸脯,保证道:"放心吧! 我肯定让你们大吃一惊!"

他还真的做到了。

在投掷环节,他不仅将砖掷出了 15 米远的距离,还深深地砸进了一块木头中,胜过了所有的参赛者。

这下,酋长也惊叹了,他连忙把陶召到眼前,拿起陶的砖仔细观察。

这块砖的中间比较厚,但四周被捏成锋利的片状,而且还硬如石器,因为比石头轻,所以能飞出很远。

酋长很高兴,拍着陶的肩膀说:"你就给我们多造一些砖吧! 这种新武器一定能打到很多猎物!"

于是,陶愉快地接受了任务,他认为自己承担了全族的使命,因此兴奋地连饭也不吃,就开始研究起烧制武器的事情了。

陶的老婆馆却不高兴了,她不停地唠叨着:"你先吃饭,这么多武器,不是一时半会儿能烧完的!"

陶不听,馆气不过,就数落起来:"你看你要烧武器,就得有一个很大的炉子吧? 你怎么砌那么高、那么大的炉子呢?"

陶听后觉得有道理,他不可能捏出一整面泥墙,而且即便捏出来了,泥墙也很容易坍塌。

干脆,就将泥墙变成一块一块的砖,堆积在一起不就可以了?

陶为自己的灵感暗自叫好,他激动地抱起妻子转了好几圈,把馆都给转晕了,她皱着眉头说:"快点放我下来吧!"

由于陶一个人做不了那么多砖,他就跑到酋长面前,要酋长给他多拨点人手,以便造一个很大的炉子。

酋长听陶说这个炉子能烧制出相当多的武器,当然十分开心,不停地说:"要的! 要的!"

于是,大家跟着陶一起忙碌起来。

他们将掺着水的泥土捏成大小相等的形状,后来陶觉得麻烦,就烧制了专门做砖的模具——一个凹槽一样的东西,这样大家做砖的时候,只要把泥土填满凹槽就可以了。

凭借着"砖",部落里生产出了大量的武器,而陶也成了名人,备受大家爱戴,至于烧制砖的炉子,因为酋长不停地说"要的"而有了"窑"的称呼。

从此,窑工这一职位便产生了。

10
隆冬时节的馈赠
由鸟窝变成的帽子

在强调个性化的当代,帽子是人们的服饰之一,它不仅有御寒的功能,还兼具装饰性,能够更好地展现人们的魅力。

不过在古代,帽子可没那么多功能,它的用途只有一个,就是保暖。帽子的发明还得归功于黄帝,确切地说,是黄帝手下的两员猛将——胡曹和于则。

有一年的冬天,大雪如棉絮般盖住了大地,北风呼呼地吹,天地间除了刺骨的寒冷再无其他。

由于这年的严寒来得特别早,很多动物在秋天的时候就销声匿迹了,导致猎物大大减少。

黄帝看到宫里储备的过冬食物太少,觉得不妥,就派胡曹和于则去山里狩猎。

胡曹是个莽汉,他一听说要打猎,赶紧去拿弓箭,说:"大王,包在我身上,我一定为你带回来很多猎物!"

在他旁边的于则见他穿得很少,连衣服前襟都敞开着,就好心劝他:"你还是回去先穿好衣服再进山吧!"

没想到,这句话把胡曹激怒了,胡曹瞪了一眼于则,瓮声瓮气地说:"大丈夫怕什么严寒!我才不像某些人一样,穿得行动不便,像个娘儿们!"

于则见胡曹不领情,反而骂自己,心里也来了气,就嘲讽道:"好啊!我看谁到时冻得迈不开步子,拖了大家的后腿!"

黄帝见自己的手下为这点事吵了起来,又好气又好笑,命令道:"胡曹,你的确穿得有点少,还是添些衣服为好。"

既然黄帝这么说了,胡曹不敢违抗,但他依旧对于则的话语耿耿于怀,为了表明自己的立场,他和自己手下的士兵并没有穿太多的衣服。

结果,当狩猎队伍进入山中后,胡曹这才感觉到后悔。

山上不比平原,因为海拔高,所以气温尤其低,地上的积雪没过了人的膝盖,冻得大家哆嗦个不停。

胡曹咬牙坚持着,可是任凭他再强壮,在严寒的侵袭下,也渐渐吃不消了。

他的两只耳朵和鼻子已被冻得通红,双手也如两坨坚硬的冰块,就快要失去知觉。

不行,不能让于则笑话自己!胡曹暗自在心中激励自己,强逼着自己表现出一副兴高采烈的模样。

可是他的部下就没有这么好的体魄了,胡曹看着部下的惨状,这才懊悔没有听从于则的劝说,结果导致这样的局面。

情绪低落的胡曹对着天空射了一箭,以发泄内心的抑郁。

巧合的是,他将树上的一个鸟窝射落下来。

尖帽在西方是巫师的象征,中世纪被宗教裁判所判为巫师并处以火刑、淹刑的人,游街示众的时候就戴这个

胡曹捡起鸟窝,发现窝里有很多柔软的羽毛,他伸手摸了一下羽毛,感觉有一种前所未有的温暖,而鸟窝似乎也挺大,便忽然受到启发,将鸟窝扣在了自己的头上。

顿时,胡曹觉得头顶暖和多了,也不怕北风吹痛自己的耳朵和眼睛了。

他哈哈大笑起来,让士兵们去寻找鸟窝,然后戴在头上。

大家知道鸟窝能够御寒,便纷纷效仿,实在找不到鸟窝的人也寻找了一些杂草包在头上,以保持自己的体温。

当于则看到胡曹头上的鸟窝时,他惊奇不已,建议胡曹改良一下鸟窝。

这一次,胡曹没有表示反对,他回家后用麻布做了一个中间凹陷的圆形物品,还推荐其他人也跟着自己做一个,这便是帽子的雏形了。

11

爱美到不要命的罗马人

令女人痴迷的口红

涂着口红的女士曾被称为"撒旦的化身"。口红虽然受到重重阻碍,却最终全面占领了女性的生活。

早在公元前 3000 多年的苏美尔文明中,人们已经开始使用白铅和红色岩石粉末装饰嘴唇了。而到了古埃及,涂抹口红之风气更盛,人们所用的口红,多取自代赭石,有的会混合树脂树胶以增加黏性。

古希腊一开始给口红打上了"禁忌"的烙印,这种化妆品是只属于妓女的专利,后来经不起美丽的诱惑,上流社会也开始流行了起来。

继承了古希腊传统的古罗马人,最终让口红变成了真正意义上的口红——可以长久保持双唇的色彩。

众所周知,罗马人爱美的本性是出了名的,比如贵族妇女会花上一整个上午的时间来敷面膜、打理头发、化妆,而男人们则会花一天的时间来泡澡、熏香。

当然,女为悦己者容,女人的化妆用品还是要比男人多很多,她们喜欢白肤金发,认为那是贵族的象征,所以染发行业和面霜制造业是最发达的。

但是,当很多贵妇确实做到了面白如纸,问题也就来了,她们的嘴唇颜色实在太浅了,导致整张脸看起来毫无血色,而从远处望去,好似一个个白面鬼。

有一些妇女很受不了这点,她们想尽办法要让嘴唇红起来,其中有一个叫尤利娅的女人整天喝葡萄酒,希望红酒的颜色能浸润入唇间,让双唇拥有血染的风采。

每天早上,当她美肤完毕,就开始喝红酒,晚上吃饭时,红酒更是她必不可少的饮品。为了让自己不"掉妆",她还命仆人制了一个小酒瓶,瓶内装满了葡萄酒,没事的时候就"喝两口"。

尤利娅并不觉得自己的行为有什么不妥,直到有一天,她丈夫蹙紧眉头对她说:"尤利娅,你能不能别再喝酒了,我受不了你满身酒味!"

尤利娅顿时很受伤,她觉得丈夫一定把自己当成了酒鬼,实际上,她只是想让自己变得漂亮一点啊!

她哭了一晚,第二天,她起了个大早,连妆都没好好化就上了街,敲开了化妆品

25

店老板的大门。

"稀客,稀客啊!"精明的老板见有贵妇驾到,连忙眉开眼笑地表示欢迎。

"你这里有没有可以让嘴唇变红的化妆品?"尤利娅开门见山地问。老板愣了一下,他在脑中飞快地想了一下,摇头道:"没有,不过……我可以造出来。"

"真的吗?"尤利娅的眼睛都亮了,整张脸也神采飞扬起来,使得她焕发出一种特别迷人的魅力。

真是个美人啊!老板惊艳地想,他点了点头。

尤利娅迫不及待地询问起来:"那东西要多久才能给我?价钱如何?"

这可给店老板出了个难题,他又飞快地想了一下,用商量的口气说:"你一星期后来取吧!价钱我们到时再商量。"

尤利娅听后,欢天喜地地走了,店老板则开始冥思苦想起来:怎样才能造出那个能使人嘴唇发红的玩意儿呢?

其实老板之所以答应尤利娅,是因为他已经发现红酒的沉淀物涂抹在皮肤上能使肤色发红,不过持续的时间不够长,而且很容易被水冲洗掉。

这一天晚上,当老板打烊回家后,他的小女儿利拉捧着一束红玫瑰兴高采烈地走了过来,说:"父亲,我在花园里栽种的玫瑰已经长成了,你看漂不漂亮?"

老板一见玫瑰那夺目的红色,顿时有了想法:玫瑰这么红,它的汁液肯定也是红的,说不定能使嘴唇变得很红呢!

想到这里,他接过了女儿手中的玫瑰,兴奋地说:"利拉,我将要研究一项伟大的发明,如果成功了,你就是一个大功臣!"

利拉很惊奇,她问是什么发明,但父亲不肯透露,他走进了自己的工作间,开始忙了起来。

老板将玫瑰花瓣榨成汁,然后与红酒的沉淀物混合在一起,果然效果惊人,他叫来了女儿利拉,将汁液涂抹在她嘴唇上,瞬间,利拉的嘴唇就鲜艳如红玫瑰了!

"真好看呀!"利拉对着镜子赞叹道。

可是这种汁液还是容易掉色,在接下来的六天中,老板尝试在汁液中添加了很多东西,却均以失败告终。

直到第七天的早上,他碰翻了一瓶水银,便抱着试试看的心理将水银添加进汁液中。

他将这种混合液涂在手上,谢天谢地,直到贵妇尤利娅来到店中,他手上的红色也仍未褪去。

"亲爱的夫人,我已经制好了你要的东西,请看!"他将手上的那抹红颜色展示给尤利娅看,而后者大为惊喜。

老板遂将混合液装入精致的瓷瓶里,卖给尤利娅,这便是口红的前身了。

尤利娅使用了口红后觉得非常好用,就卖弄起来告诉了身边的好友。

很快,罗马的妇女都知道了这种能使嘴唇变红的液体,便一窝蜂来找店老板买。

然而,那时的人们并不知道,水银对人体是有毒的,而这种口红中的水银会随着唾沫被人吃进嘴里,造成慢性中毒,罗马的女人们为了美丽,竟然付出生命的代价!

英国女王伊丽莎白一世

小知识

　　英国女王伊丽莎白一世,是口红发展史上的一位里程碑式的人物。她的口红用胭脂虫、阿拉伯胶、蛋清和无花果乳配制而成,显现出独特的红色。她还以石膏为基材发明出固体唇彩,这也成了现代口红的远祖。

12

没钱付邮资的姑娘
第一张邮票的由来

很多人在小时候都写过信，写完后将信纸装入信封，再在信封上贴一张代表邮资的邮票，投入邮筒中，这封信就可以开始它的漫长旅程了。

虽然现在用纸写信的人很少了，但是对于邮票，大家肯定不会陌生，而集邮爱好者们更是将其奉为心头好，费尽心思地去收集。

邮票是舶来品，它最早出现在英国，与一个贵族及一个穷姑娘有着深厚的渊源。

在 19 世纪 30 年代，罗兰·希尔是伦敦一所中学的校长，他喜欢在午饭过后出去散散步。出于一个教育者的职业病，他还喜欢四处观察人，而这个习惯导致了邮票的诞生。

"邮票之父"——罗兰·希尔

一天，希尔散步到乡间时，正好来到一户人家的门口。

门口有一位美丽的姑娘，正在和一个邮差说话。

希尔感慨姑娘惊人的美貌，便驻足倾听。

只听见姑娘满怀歉疚地说："请你把信退回去吧！"

邮差自然很不高兴，他费了很多精力才来到这里，而且乡间的路不是很好走，如果对方不肯收信，他这一趟不是白来了吗？

"亲爱的小姐，这就是你的信，你为什么不肯收，你这样做让我觉得不可思议！"邮差生气地说。

这时，姑娘俏丽的脸变红了，她的额头上渗出亮晶晶的汗水，在阳光的照射下宛若璀璨的钻石。

"我没有钱收信，请你……把信退回去吧！"姑娘小声地说，她的头低着，显得很不好意思。

邮差更加不高兴了，他嘟囔着："你不能总是这样，都好几次了，你不能一次也不收信吧？"

姑娘的头低得更厉害了，她尽管一再表达了歉意，却始终坚持让邮差退信，并恳请邮差看在自己没钱的份上不要再指责自己。

希尔见姑娘实在可怜，就走上前去，笑着对邮差说："你不要怪她，我来替她付钱。"

姑娘一听希尔的话，大为吃惊，她刚想阻止希尔，对方却已经拿钱交给了邮差。

邮差把信塞到姑娘的手里，离开了。

这时，姑娘捧着信，对希尔深深地鞠了一躬，感激地说："尊敬的大人，您不必为我付钱，因为我已经知道信的内容是什么了。"

希尔惊讶地瞪大眼睛，疑惑地问："你是怎么知道的？"

"是这样的。"姑娘把信递到希尔眼前，指着信封左上角一个十字形和圆圈形的笔迹对他说，"我和未婚夫做了约定，他知道我没钱收信，就用十字来表示他一切安好，而这个圆圈，则代表他找到了工作。"

原来如此！希尔不禁为姑娘的智慧感慨不已，但同时他也意识到一个问题，那就是邮资太贵，让平民百姓消费不起。

当时的邮资是按邮件送递路程远近和信件纸张数量分别逐件计算的，即"递进邮资制"，费用由收件人支付。按照规定，邮程在十五英里之内收费四便士；二十英里内收费五便士；三百英里内收十三便士……除此之外，按照邮递条件还会另加邮资。因此当时的邮资是非常昂贵的。

据记载，一封从伦敦到爱尔兰的信件就要花费一个铁路工人一个月工资的两成。如此高昂的邮资不仅平民望而却步，连国会议员也难以承受，为此国会竟决定议员可享有免费邮件。

希尔决定改变这种状况。

他用了几年的时间发明了一张印有英国女王头像的小纸片，面值为一便士，由于底色是黑的，所以俗称"黑便士"。

同时，希尔呼吁有关部门对重量在 0.5 盎司以下的信件一律收费一便士，这样寄信的人只要在信封上贴上一张"黑便士"就可以了。

为了展现人人平等的原则，他还要求免除贵族、官员享有的免邮资特权，结果，他的提议激怒了英国政府，官僚们对希尔的请求不予理睬。

希尔并没有放弃，他出版了一本小册子，对老百姓讲述"黑便士"的好处，很快就赢得了社会的支持，迫于压力，英国下议院不得不重新考虑希尔的建议。

最终，"黑便士"成功在英国发行，让很多人享受了福利。

这是世界上的第一张邮票，是没有齿孔的，需要用胶水涂在背后，然后黏在信封上。

英国维多利亚女王的宠臣提出抗议,他认为"黑便士"的表面印着女王的头像,怎么能在女王的背后涂胶水呢?这有损女王的尊严啊!

女王听了宠臣的话后,觉得有道理,就下令:禁止在"黑便士"上涂抹胶水。

人们没有办法,只好用别针把"黑便士"别到信封上,可是又发现邮票很容易掉,后来大家干脆不管禁令了,又开始使用起了胶水。

至于英国女王,她自己也觉得用别针不方便,因为她也要写信贴邮票了,于是给邮票涂胶水的方法就保留下来,一直到今天。

小知识

黑便士邮票也有其不足之处,邮票上的黑色邮戳不易看清,且容易洗掉,因此有人钻漏洞将其反复使用。为此,之后的一便士邮票改用红色印刷,公元1841年2月10日,红便士宣告诞生。

黑便士邮票

13

它曾是皇室御用品

小小铅笔的变迁

铅笔,是当代最常见的一种书写工具,也许有人会因为它的普通而小看它,但你知道吗,在 18 世纪以前,它可一直是皇室的御用品呢!

在公元 1564 年,人们在英格兰一个名叫巴洛代尔的地方发现了一种奇特的矿物,它比铅要黑,而且能在纸上随意画出形状,这就是石墨。

当地的牧羊人很早就知道石墨的用处,他们拿它在羊身上做记号,以辨别是否有迷路的羊。受此启发,外地人也跟着照办,他们把石墨切成一条一条的长方形,然后在纸上写写画画,觉得非常实用。

不幸的是,这个消息被英国王室知道了,贪婪的国王乔治二世下了一道命令:巴洛代尔的石墨矿为王室所有,外人一律不准开采!

对此,民众怨声载道,可是国王的命令谁敢违抗呢?大家只好在心底把愤怒压了下来。就这样过了 200 年,巴洛代尔的石墨一直是英国王室的御用品,好在石墨矿并非只有英国才有。

后来,大家渐渐接触到了石墨这一物质,石墨这才流行起来。

不过用石墨写字还真不方便,因为它会将人的手弄脏,往往是字写完了,手也脏得不成样子了。而且,石墨很软,容易被折断,写起字来就没那么快了。

好在一名化学家解决了这一难题。

公元 1760 年,一个名叫法贝尔的德国化学家用水冲洗石墨,将其变为石墨粉,然后再添加硫黄、锑、松香等物质,制出一种混合物,再将混合物搓成条状。这样一来,石墨的韧性大大增加,而且书写时手也不会太脏了。

法贝尔知道自己的发明是一个致富途径,于是他开了一家工厂,专门生产这种石墨,果然大受欢迎,而且产品还远销英、法等国,成为一个国际性的品牌。

又过了近 30 年,赫赫有名的拿破仑·波拿巴上台执政,他一心扩大法国领土,就与英国、德国打了起来。

英、德国非常生气,对法国进行经济封锁,在当时,石墨只在这两个国家才有,因此国外的石墨便再也进入不了法国。

拿破仑在打仗时喜欢写情书给皇后约瑟芬,日子久了,他发现石墨的供应量越

拿破仑在杜伊勒里宫书房

来越少,不禁大动肝火,找来军需官问罪。军需官诚惶诚恐地告诉拿破仑:"因为英国和德国封锁了石墨的供应,所以国内的石墨大大减少了。"

拿破仑听后也没有办法,他总不能为了石墨而停止战争吧?再说了,如果他能将英、德国"拿下",那岂不是想要多少石墨就有多少吗?

正当拿破仑为石墨笔大伤脑筋时,画家康蒂的发明为他带来了福音。

当时,铅笔运不进来,这对法国的作家和画家们来说,无异于断了粮食。

当时,有一位名叫康蒂的画家,下决心自己研制铅笔。

康蒂知道,石墨的数量很有限,必须用尽量少的石墨生产尽量多的铅笔。为了达到这一目的,他尝试在石墨粉末中加入不同数量的黏土,得出的结果让他惊喜不已。

康蒂发现,当石墨与黏土按照不同比例结合,会产生出不同硬度的铅笔,而且铅笔的颜色也会不尽相同。

更重要的是,铅笔因黏土的加入而变得不易折断了。

这样的铅笔一经问世,立刻大受欢迎。

据说,拿破仑也很喜欢使用这种笔。康蒂改良的铅笔因为非常好用而在全世界流传开来。

后来在美国有一个叫门罗的木匠觉得用石墨条写字还是太脏了,就发挥创意,为石墨套上了木质的"外衣",于是,一款与今天没有太大区别的铅笔诞生了。

小知识

铅笔现在仍叫作铅笔,是因为铅笔的原型可以追溯至古罗马时代,古罗马人用纸莎草纸包裹一块铅来书写。后来,又因为人们将石墨误以为是铅的一种,因此"铅笔"一词在诸多语言及东亚语言中流传下来,广泛使用而未修正。

14 由打水而获得的灵感

商业之祖范蠡与秤

秤的历史非常悠久,从人们从事商业活动起,秤就与民众形影不离。

在秤的家族中,属杆秤的辈分最大,而它是由中国人发明的,发明者就是中国商业的祖师爷范蠡。

范蠡是春秋时期的楚国人,他帮助越王勾践打败了吴国,然后就功成身退,浪迹江湖行商维生,赚得金银满钵,是一个很具有传奇色彩的人物。

范蠡天生拥有商业头脑,凡是跟做生意有关的事情,他都会仔细思量,直到想出一个对自己最有利的方式为止。

在刚步入生意场时,他发现了一个问题:生意人做买卖全凭眼力和手感去估计商品的重量,因为没有一个能称量货物的工具,所以在交易中产生了很多的不便。

正是因为担心无法称重,范蠡一开始才没有选择需要论斤称重的商品去贩卖,他做起了陶器生意。陶器是不用称的,一个多少钱,明码标价,几乎不会与顾客产生纠纷。

范蠡的陶器生意很快兴盛起来,他整天忙个不停,为自己累积了大量的本钱,还开了好多分店。

当有了更多的钱之后,范蠡就想拓展业务,去卖其他的商品。

他想卖米,可是米是需要称重的呀!一想到这个问题,他就觉得很伤脑筋。

范蠡画像

有一天黄昏,范蠡打烊后走在回家的路上,在经过一口水井的时候,他看到一个妇人正在从井里汲水。

只见井口旁边竖起了一座高高的木桩,木桩的顶部安着一根横木,而横木正对着井口。横木的一头吊木桶,另一头系上石块,此上彼下,轻便省力。

妇人的手法很熟练,看起来也似乎没费多少力气,范蠡看着石头移上移下,心中忽然有了主意:那我在货物与石块之间造一根横木,不就行了吗?

他立刻回到家中,开始做实验。

他用三根绳子吊起一个盘子,然后将绳子系在一根木棍的一端,又用一块鹅卵石让木棍保持平衡,他将这种工具称为"秤"。

接下来该如何确定货物的重量单位呢?

范蠡左思右想,想了好几个月,依旧没有头绪。

一天晚上,他觉得心情不错,就走到户外,远眺夜空。

那一天,群星闪耀,南斗六星和北斗七星都在他头上放射着光芒,范蠡猛地一拍大腿:有了! 就让一颗星代表一两,十三颗星代表一斤。

他当即回到屋内,找出闲置了几个月的秤,把斤和两的刻度刻了上去。

大功告成后,范蠡对民众宣传起了自己的秤,大家觉得很方便,就都用秤来进行买卖了。

后来,范蠡发现有一些奸商总是缺斤少两,他很生气,就在十三颗星的基础上加入了"福禄寿"三星,并苦口婆心地告诉同行:"扣人一两,自己将失去好福气;扣人二两,自己的后人将当不了官;扣人三两,是折寿行为,多行不义必自毙!"

于是,秤便从十三两一斤变成了十六两一斤,直到现代才改为十进制的算法。

小知识

杆秤在耶稣诞生前由游牧部族传入了西方,被命名为罗马秤。罗马秤两臂不等,秤物端的秤臂较短,且长度固定不变。在称量重物时,移动秤杆另一端的秤锤(这样就改变了该端秤臂的长度),直到秤杆达到水平状态时为止。使用这种秤可以称量比秤锤重得多的物体。

15

拿破仑的示爱信物
由装饰到实用的手表

"约瑟芬啊！你是我生命中的阳光,我每天都会为你而战斗下去!"在寂静的夜里,能写出这样句子的人,竟然不是诗人,而是一代枭雄,一位至高无上的帝王,他就是拿破仑。

拿破仑对他的第一任妻子约瑟芬的宠爱众人有目共睹,他不介意约瑟芬是一个有着两个孩子的寡妇,他在第一次见到约瑟芬时就为她神魂颠倒,而在加冕典礼上,他竟然将皇后的王冠从教皇手中抢过,戴在约瑟芬的头上。

后来,他去打仗了,经常是数个月不能回法国,只得借每天的信件一吐相思之苦。

约瑟芬皇后是个识大体的女人,她虽然在深宫中非常寂寞,却没有半点责怪拿破仑。为了排遣孤独,她在法国南部开辟了一个玫瑰园,种植了三万多株玫瑰,以此打发无聊的时光。

皇后的哀怨拿破仑是知道的,为此他心中充满了愧疚,便想尽办法要去弥补。

约瑟芬皇后画像

公元 1806 年秋天,拿破仑大败普鲁士军队,击溃了第四次反法联盟,逼得普鲁士国王和王后出国流亡,而法国则因此占领了德国的大部分地区。

打了大胜仗的拿破仑春风得意,他决定送一件前所未有的礼物给约瑟芬,便找来自己的宠臣,吩咐道:"请务必给我造一个美丽的、精巧的、受女士喜爱的东西,它最好能被女人们天天使用,却保证不会遭到嫌弃。"

宠臣听完这些要求后,额头上的汗都沁出来了,他暗想:这世上哪有这种东西啊？陛下难道不知道,女人们都是喜新厌旧的吗？

事实上,拿破仑正是考虑到这一点,才要求属下将礼物造得实用一点,他希望约瑟芬能把礼物整天带在身上,那就意味着她和他的心意相通了。

不过这实在给宠臣出了难题,这位大臣回到家中后,和家人一起想礼物的模样。可是大家的创意都不新鲜,达不到让拿破仑满意的程度。

宠臣为此一筹莫展,他接连想了好几天,想得眼前都出现了幻觉,却还是一无所获。

由于得不到很好的休息,他的精神萎靡不振,好几次外出办公,都差点错过时间。

幸好他有一只怀表,滴滴答答的时针提醒他去做该做的事情,使他不至于耽误了事情。

在教宗庇护七世旁观下,拿破仑替跪下的妻子约瑟芬加冕为皇后

当这名大臣再一次拿出怀表之时,他笑了起来,心想:我为什么不给皇后做一个表呢?皇后也需要看时间啊!

在那个时候,能告诉人们时间的,除了钟,便是怀表了,而怀表只有男人才会携带,女人们是不会携带的。

想到这个好点子后,大臣立刻找来能工巧匠,让他们做一个能戴在手上的"手表"。

其实这种手表的主体与怀表差不多,只是因为要佩戴在手腕上,所以表带发生了变化。

工匠们经过思量,将表带用黄金打造成了手镯的模样,同时,为了让手表变得美观,表带上还缀有镶嵌着宝石的流苏,这样当皇后戴起来,手腕上便宛如闪烁着光芒的溪水在流动,显得魅力十足。

当这只手表造出来后,宠臣欣喜地捧着它去见拿破仑。

拿破仑看到手表后也是赞不绝口,他心花怒放地说:"皇后见了肯定高兴,我要重重地赏你!"

约瑟芬皇后确实很喜欢这个手表,她经常戴着它出席各种重要的宴会。

上流社会的贵妇们很快注意到皇后的手表,她们个个都很羡慕,回家后也找人替自己做了一个。

就这样,手表作为地位的象征和女性的装饰品,开始普及起来。

后来,男人们也戴起了手表,不过他们可不是为装饰而戴的哦!

小知识

16世纪初期,德国纽伦堡有位叫作亨蓝的天才锁匠造了一个钟,驱动这个的不再是之前机械钟的大锤码,而是个圈绕的铁弹簧(也就是发条)。亨蓝所造的这个蛋形小钟,可以说是人类第一个表,后来称为"纽伦堡之蛋",当时在欧洲的富豪阶级非常流行。

16

在课堂上问出的发明
伽利略与体温计

伽利略是意大利有名的物理学家,他做了很多著名的实验,还发明天文望远镜。人们对他的智慧佩服得五体投地。

一些人理所当然地把伽利略当成了神,就跑到伽利略所在的学校找他,请求他帮忙解决各种问题。伽利略对此颇感无奈,因为有些事情他实在爱莫能助,只能让提问的人失望了。

伽利略雕像

有一天,几个医生冒着雨来到伽利略面前,他们诚恳地说:"我们经常遇到发烧的病人,可是我们却不知他们的体温到底是多少,也就不能准确地用药,请你帮帮我们,想个办法来测量体温吧!"

伽利略听后心中一动,这一次他无法再直接拒绝医生的请求,因为量体温是治病的重要步骤之一。如果能解决这一难题,对民众的健康无疑是十分有利的,所以哪怕再难,他都要试一试,看自己能否发明出一种能测量体温的仪器。

不过发明这种仪器看起来并不是那么容易,伽利略想了好多天,依旧一点头绪也没有。

有一天,他给学生们上物理课,当讲到热胀冷缩效应时,他提问道:"为什么当水温升高,水位会在水壶内上升?"

一个学生站出来回答道:"因为水的温度越接近沸点,水的体积就变得越大,水受热膨胀,水位自然就上升了。"

伽利略点点头,称赞道:"很好!"接着他继续开讲。

但不知为何,刚才自己提出的那个问题一直在他脑海中浮现,而学生的回答也在他耳边回响:温度越高,体积越大,水位就会上升了!

如果温度是人的体温,不也是一样的道理吗?

没错!他终于找到答案了!

伽利略兴奋地大叫了一声,全然不顾自己还在上课,就飞奔回实验室,留下一堆学生在教室里莫名其妙。

伽利略发明温度计的过程是:把一根一端带圆泡,另一端开口的玻璃管,垂直地插进一杯染色的水中,当周围的气温发生变化时,管内水柱的高低也随之发生变化,由此得知气温的高低。

空气的温度可以量出来,可是人体的温度如何测量呢?

伽利略的朋友,意大利科学家桑克托里斯将温度计的形状做了改进,他把温度计改成弯曲的蛇形,体积改得更小,玻璃管带泡的一端可含进嘴里,以测出体温。

由此,桑克托里斯成了世界上将科学测量温度方法运用于医学的第一人。医生在临床上开始使用这种体温计,发现果然有效,就开始大范围地推广,从此,检查病人的体温就不是什么难事了。

可是,医生们却遇到了一个麻烦,那就是体温计里的水柱升降除了受气温的影响外,还受到大气压力的影响,仅凭水柱高低测量气温的变化往往欠缺准确性。

伽利略温度计

后来,人们改用酒精代替水,制成一种不受大气压力影响的温度计。接着,又用水银代替酒精制成另一种温度计,从此,这种温度计开始被广泛应用于临床诊断。

小知识

公元 1709 年,德籍荷兰物理学家华伦海特发明了酒精温度计;公元 1714 年,又用水银代替酒精,从而在温度计的标记剂方面取得了关键性进展。同时,华伦海特制定了第一个标准温标,即华氏温标。

华氏温标规定:在标准大气压力下,冰的熔点为 32 ℉,水的沸点为 212 ℉,中间有一百八十等份,每一等份为华氏一度。

17

手帕与丝带的另类系法

解放妇女的胸罩

提起胸罩，女人们必定不会陌生，相信这世界上的成年女性几乎天天与之为伴。如今的女性对内衣的要求很高，为满足她们的需要，胸罩的款式、花色、装饰物等也是日日翻新、层出不穷。

古人却没那么讲究，在胸罩诞生之初，只注重束胸功能，而且它的组成也非常简单，竟然是用两方手帕做成的。

20世纪上半叶，远离第一次世界大战战场的美国经济发展势头迅猛，人们身处和平的环境中，便增添了很多玩乐的兴致，不时开个舞会，办办联谊，活得特别潇洒。

公元1914年，美国一个城市要举行一场名为"盛大巴黎"的舞会，还打出广告，说要在舞会中推选出一位舞会皇后，遂呼吁全城女性都来参加。这个消息让城中上流社会的女性都激动起来。

美国是个移民国家，而且资本主义化进程要比欧洲快很多，所以很难拥有像欧洲人那样慵懒的贵族式情调，这也使得很多美国女性对贵族气质心驰神往，幻想着自己上辈子是个落难公主或皇后。

如今有了这样一个出名的机会，女人们自然是趋之若鹜，于是乎，城内的裁缝被贵妇们团团包围，而女仆们也为了女主人的首饰、化妆品奔跑于各大百货商店。一时间，全城被一种热闹而又紧张的气氛所环绕。

这时，有个名叫玛丽·菲利浦·雅各布的太太有了一点小烦恼。

她长得姿色一般，更要命的是，因为生过孩子，她的胸部下垂了。

当时的美国妇女以大胸为美，所以胸部丰满的女人自然更能吸引他人的目光，而小胸或胸部下垂的女人，则会觉得很没有自信。玛丽并不是个没有自信的女人，她的女仆对化妆很在行，每次出门前都能把她打扮得如花似玉，而她的裁缝也是个顶尖的人才，会给她做很多能巧妙掩饰她胸部缺点的衣服。

可是要去参加舞会，肯定是穿那种半敞着胸脯的衣服更加有魅力呀！玛丽懊恼地想。

眼看着举办舞会的日子一天天逼近，玛丽却一点办法也没有，她急得头都快晕了。她站在巨大的穿衣镜前,看着自己胸前那两坨肉,哀怨地想:怎样才能让胸部高耸起来呢?

"夫人,我有个办法!"她那伶俐的女仆凑上前说了一句。

"什么办法?"玛丽狐疑地问,她仍旧用手托着自己的胸部。

"夫人,如果我们用一个东西代替你的手,不就可以了吗?"女仆笑道。

玛丽恍然大悟。

对呀! 只要用个什么布料把胸托住,还是很有优势的!

玛丽立刻吩咐女仆寻找可以托胸的布料,后来她又嫌女仆不懂自己的要求,就自己也动手找起来。

由于她的裁缝是个男人,玛丽不想请他帮忙裁剪布料,当她翻出两块绸缎手帕时,那柔顺的手感顿时迷住了她。

"有了,可以了!"她将两块手帕系在一起,放在女仆的胸部,演示给对方看。

"夫人,我们需要一些丝带,这样就能把手帕系在身上了!"女仆雀跃地说。

玛丽也觉得非常可行,于是两人又实验起来,玛丽一连几日阴郁的脸上终于展露出笑颜。

几天后,玛丽以一身低胸银色礼服在舞会上亮相,她那胸脯比在场所有的女性都要高耸。

玛丽骄傲地挺胸走着,不知不觉将全场的目光都给吸引住了。

之后,玛丽和女仆生产了几百个胸罩,但是无人问津。很快,她就放弃了这个"新生儿",把这项专利卖给了一家生产紧身衣的公司。虽然她一直没能成功地将她的发明推向市场,但是后来她确实成功地使人们接受了这一点,即她是胸罩的发明者。

小知识

　　关于胸罩的发明者历来众说纷纭,有说早在公元 1859 年,一个叫亨利的纽约布鲁克林人为他发明的"对称圆球形遮胸"申请了专利,被认为是胸罩的雏形。公元 1870 年,波士顿有个裁缝还在报纸上登广告,贩卖针对大胸女性的"胸托"。但最广为流传的是本书中玛丽·菲利浦·雅各布发明胸罩这个有趣的故事。

18

车辆的增速工具

难看却实用的轮胎

轮胎是众人耳熟能详的物品,如果缺少了它,我们将只能步行,而小至自行车,大至飞机、轮船都不能行动了,这将给人们的生活带来极大的不便。可是在 19 世纪上半叶,全世界还没有轮胎这个东西,比利时人迪埃兹倒是在公元 1836 年最先提出了充气轮胎这一概念,但他没有动手发明,所以人们也仍旧用自行车的轮子直接滚在地面上。

公元 1888 年的一个秋日,一位名叫约翰·伯德·邓洛普的爱尔兰兽医正在家中看书,他的儿子、刚满十岁的小约翰在户外的草坪上骑自行车。那个时候,自行车的轮子已经从金属材料改进成了橡胶,不过仍是实心的,就算橡胶富有弹性,也依旧很硬,所以人在骑车的时候仍旧会颠来颠去,而且还有摔倒的危险。

此刻,小约翰已经骑到了石子路上,这一下,自行车更加不稳当了,而他也因为害怕而喊叫起来。

邓洛普本就不放心儿子,这时听到儿子的喊叫声,立刻循声望去。

只见小约翰的自行车像条蛇一样地扭来扭去,小约翰无法掌控淘气的车把,好几次险些摔倒。

邓洛普为儿子捏了一把冷汗,他准备随时冲出去保护小约翰。

小约翰坚持了几秒钟,车轮碰到了一颗小石子,顿时失去平衡,重重地向左侧倒下,一头栽在了地上,忍不住哇哇大哭起来。

邓洛普赶紧跑到儿子身边,将儿子抱回屋子,又是清洗伤口又是上药,手忙脚乱地。

好不容易将小约翰哄睡着了,邓洛普对着自行车动起了心思。

他想:自行车之所以不稳当,是因为轮子太硬了,如果轮子变得软一点,不就可以让骑车的人舒适一点了吗?

他左思右想,觉得自己的思路没有错,那么,关键问题是,怎样才能让轮子变软?

他找了一些柔软的布料、线团,缠在车轮上,但他随即发现,无论摸起来多轻柔的东西,一旦被绑紧了,也照样是硬的。

到底什么东西既能承受重量又能轻捷方便呢？邓洛普百思不得其解。

几天之后，他给一头牛看病，那头牛得了胃胀气，一个劲地哞哞叫。

邓洛普想：牛胃能塞很多青草，也不会坏掉，如果有根管子，里面充了气，就像牛胃一样，再裹在车轮上，岂不就能载重了吗？

他兴奋起来，立即找了一根长长的橡皮管子，将里面充满了气，然后绕在自行车的两个车轮外缘，他还把这种改良后的轮子放在地上滚了滚，发现确实轻巧多了。可是管子该怎么系在轮子上呢？而更重要的是，如何保持它的密封性，不漏气呢？

为了以防万一，邓洛普在管子的外面又涂上了一层橡胶，这样轮子看起来就很奇怪，像个热狗似的。

邓洛普才不管难不难看，他把充气轮子重新装上自行车，然后自己亲自骑了一下，感觉非常棒！

几周之后，小约翰的学校举行骑自行车比赛，邓洛普便让儿子带着装有充气轮子的自行车参加竞赛。父子俩来到学校后，所有人都对他们的自行车嗤之以鼻，觉得真是丑陋极了。

小约翰面红耳赤，但邓洛普坚定地说："儿子，你放心，你肯定是第一名！"

小约翰半信半疑，当比赛的枪声打响后，他果然一路领先，并最终拿到了冠军。

这一下，所有人都对邓洛普另眼相看，还争先恐后地来打听这种充气轮子怎么做。

邓洛普从中看到了商机，干脆辞职开了一家轮胎厂，于是，橡胶轮胎便走入了人们的生活中。

小知识

　　早在公元1836年，比利时人迪埃兹就曾提出过充气轮胎的想法。公元1845年，英国米德尔塞克斯的土木工程师罗伯特·W.汤姆逊发明了用皮包裹，内充空气或马毛的轮胎，但没有实际使用。最终，两人都与轮胎发明者的称呼擦肩而过。

19

捡了个大便宜的阿瑟·傅莱

便利贴的改良

办公室的职员们经常会使用一种五颜六色的纸,它可以被随意粘贴于各个角落,提醒人们应该做哪些事情。

夫妻或者室友也非常喜欢它,因为它实在太方便了,可以贴在冰箱上、门上、桌上,而且也不会轻易掉落,简直是缩小版的记事簿。所以,它的名字就叫作"便利贴"。

人们使用它的机会很多,却不知这种小东西也有一个发明故事在里面。

那是在公元 1974 年的一天,美国 3M 公司的一个工程师阿瑟·傅莱在教堂做礼拜,他因为嗓音不错而被选进了唱诗班,在每个礼拜日为大家唱圣歌。

傅莱虽然脑子聪明,但记性却不怎么好,尤其面对着一句一句的歌词,他总是忘记自己该唱哪一部分。

为了不亵渎神灵,每次在唱诗之前,他总要偷偷地把自己的歌词写在一张小纸条上,然后搁在歌本里。

孰料百密一疏,纸条太小了,很容易掉落,结果在一个周末,他像往常一样打开歌本,却惊讶地发现写有歌词的小纸条顺着书缝掉到了地上,而他基于礼貌,不能弯腰去捡。

这可怎么办呢?

傅莱正在着急的时候,忽然发现四周突然安静下来,而所有人的目光都聚集在自己身上。

便利贴的发明人阿瑟·傅莱

他的脸一下子红了,却不明白发生了什么事情。

旁边有个妇女拉拉他的袖子,小声告诉他:"该你唱了!"

"哦!"傅莱这才恍然大悟。

他着急地翻着歌本,却发现自己根本不知道哪些歌词该是自己唱的,只得默默地耷拉着脑袋,说了一句:"对不起!"

人们这才明白过来,不由地发出善意的哂笑,这时傅莱除了感到羞愧外,还在心中发誓:我一定要造出一种胶水,它能把纸条黏在书上,但纸条在被撕下来的时候又不会把书撕坏。

所以，当务之急就是发明那种胶水。

傅莱便想方设法做研发，但无一例外地失败了，有时候他也有点犹豫：是不是根本没有那种黏性不强的胶水呢？

直到有一天，他在翻阅公司以往发明纪录的时候发现，原来早在几年前就有人创造出了自己想要的胶水！

他屏住呼吸，仔细看那种胶水的特性。

原来，当时的员工是想发明一种强力胶，没想到造出来的胶水只能将两张纸勉强地粘连在一起，他们很失望，觉得自己的发明失败了，就放手不干了。

傅莱发现了这个秘密后，特别兴奋，他赶紧将这种胶水稍做改良，然后将其涂在纸片的背后，并申请了专利，于是，便利贴便产生了。

便利贴问世后，受到了人们的广泛青睐，而傅莱也因此获得了不少好处，他真是捡了个大便宜，将看似"无用"的东西用到了位，所以机会才会垂青于他。

小知识

　　3M 是世界公认的胶带行业第一品牌，全名明尼苏达矿务及制造业公司，于公元 1902 年在美国明尼苏达州成立。公元 1924 年，3M 开始正式的产品研发。此后，ScotchTM 遮蔽胶带、ScotchTM 玻璃纸胶带、ScotchTM 乙烯基电子绝缘胶带、可再次固定的尿片胶带等创新产品相继问世。尤其是诞生于公元 1980 年的 Post-itTM 便利贴，让信息的交流发生了革命性的变化。

20
被积水溅出来的好点子
半个马车与自行车

中国有句话叫"塞翁失马，焉知非福"，解释起来就是说，那些看起来对你不利的事物，也许是来帮助你、对你有益的东西呢！

在公元 1790 年，法国人西夫拉克一整个夏天都在街上奔波，他是个设计师，偏巧这个季节请他工作的人特别多，所以他只得忍受着炙热阳光的烘烤，穿梭于街头巷尾。

由于实在太忙了，西夫拉克在心急火燎赶往下一个工作地点的时候，脑子里已经开始思忖设计方案了。

为了给雇主一个好印象，他必须得提出一些有特色的创意让人眼前一亮。

这种工作节奏使得他在走路时变得心不在焉，有好几次他差点被车撞了，如果当时法国有汽车的话，他的小命就有可能保不住了。

一天中午，天公开始阴沉了脸，继而刮起了大风，豆大的雨点瞬间就从天空砸向了地面。

西夫拉克见雨势凶猛，只好找了处屋檐避雨，这时候，他仍旧在想着他的工作。

雨下了大约半个钟头，终于停了，西夫拉克松了一口气，他得赶紧去雇主那里，否则就晚了。

当他走在一条狭窄的街道时，一辆马车横冲直撞地朝着他奔了过来。

西夫拉克一惊，再也不思考了，而是本能地退让。

"让开！快让开！"马车夫也不让马减速，而是挥舞着鞭子，蛮横地吼着。西夫拉克快速站到了墙边，才避免被卷入马车的车轮下，可是他的脚边是个大水潭，结果马车驶过的时候，溅起了大片积水，把西夫拉克淋成了落汤鸡。

"哈哈哈！"车里的人不仅不道歉，还无礼地放声大笑，仿佛自己做了一件多了不起的事情一样。

"真没礼貌！太嚣张了！"旁边的路人见此情景，纷纷替西夫拉克鸣不平。

西夫拉克却一脸轻松，他仍保持着明媚的微笑，向路人们摆手示意道："算了，算了，那些人也是可怜人，让他们去吧！"

当马车走远后，西夫拉克又重新出发了，可是他的脚步却明显慢了下来，而且他还开始喃喃自语："道路这么窄，如果把马车切掉一半，不就能够节省空间了吗？"

当晚，西夫拉克回家后就开始做起了"半个马车"。

设计师的脑子就是好用，不到半年时间，他就把这种独特的"马车"发明了出来。

可是他的家人都笑道："四个轮子才能稳当呢！你的车才两个轮子，怎么控制平衡呢？"

西夫拉克说："可别小看我的车，它不会倒的。"

为了证明自己的正确性，他就骑上了"马车"，演示给大家看。

实际上，这种车还不能被称为"车"，而更像一个玩具，因为它没有链条，只能靠人用脚在地上蹬着才能前进，而且它还没有把手和转向装置，所以到转弯处全靠

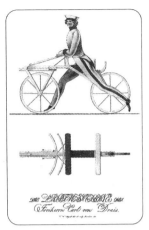

德莱斯在公元 1817 年的设计

西夫拉克用身体带动车行动，没多久，就把西夫拉克累得满头大汗。家人见西夫拉克气喘吁吁的模样，都笑得直不起腰来，西夫拉克毫不气馁，决心改进自己的车，让它真正可以载着人前行。

可惜不久后他生了一场大病，竟然离开了人世。

后人没有忘记西夫拉克和他的"马车"，他们给车装上了橡胶轮子、车把、链条和踏板，最终，能够骑行的自行车呈现在人们眼前。

人们并未忘记西夫拉克才是制造自行车的第一人，他们亲切地称他为"自行车先驱"，并永远铭记着他的功勋。

小知识

公元 1817 年，德国男爵卡尔·德莱斯开始制作木轮车，样子跟西夫拉克的差不多。不过，他在前轮上加了一个控制方向的车把，可以改变前进的方向，但是骑车依然要用两只脚，一下一下地蹬踩地面，才能推动车子向前滚动。公元 1818 年，他的木马自行车正式取得德国及法国的专利，因此，卡尔·德莱斯成为一般公认的自行车发明人。

21

为穷人发明的物品

廉价的橡皮擦

铅笔的发明比橡皮擦要早 200 年,也就是说,当人们用铅笔写出字迹后,即使发现了错误,也没有办法来擦拭笔迹了。

聪明的人们当然不会让字迹一直保留着,他们找了很多东西来擦拭笔迹,当然,效果都不是很好。

某天,一个贵族在吃早饭时,他的仆人送来了一封信给他。

由于他马上要出门,但信件又比较重要,所以他急忙将信看了一遍,然后边吃面包边写着回信。

面包是极容易掉渣的,贵族嘴里的面包屑很快就在信纸上堆积起来,碰巧这个贵族又是个急性子,他不耐烦地用手一扫,结果面包屑被扫到了地上,可是他刚写下的字居然也少了一大半。

这是怎么回事呢?贵族惊奇万分。

他掰下一块面包,凑到信纸上擦了起来。

奇迹出现了!字迹越来越淡,最后消失了!

"原来面包还有这个作用!"贵族哈哈大笑,他觉得自己拥有了一件可以在餐桌上出风头的法宝了。

于是,人们便开始用面包来擦拭起铅笔的笔迹。

这对富人来说小菜一碟,可是对穷人来说却是件奢侈的事情。

很多穷人连面包都吃不起,好不容易买条面包,恨不能一家几口分几天吃完,又怎么舍得浪费一点点面包屑来擦字呢?

所以在公元 1770 年以前,铅笔一直与面包为伍,当然,这种搭配只有在富人的家里才会出现。

直到公元 1770 年,一个英国工程师爱德华·纳尔恩的发现,才改变了这个状况。

爱德华·纳尔恩的工作需要用铅笔来涂写图纸,而且他也觉得用面包擦字特别浪费,便想改善这种情况。

一天中午,工人们往工作室里搬进了很多橡胶,其中有一小块橡胶滚落到了爱德华·纳尔恩的脚边。

爱德华·纳尔恩捡起橡胶块,在手里捏着。

像是被神灵驱使一样,他下意识地拿着橡胶去擦自己刚画好的图纸,很快,他便惊喜地笑起来。

原来,橡胶居然能使字迹消褪,这真是个意想不到的发现!

爱德华·纳尔恩觉得人们以前都过于看轻橡胶的功用了,回到家中后,他买下了很多橡胶,然后将它们切成一小块一小块的四方体,拿到市集上去卖。

一开始,没有人光顾爱德华·纳尔恩的摊位,大家都觉得好笑,橡胶怎么可能擦字呢?

爱德华·纳尔恩叫卖了半天,见没人相信,只好亲自做示范。

他拿出一张纸,在纸上画了好多线条,然后扯开嗓门大喊:"快来看我新发明的橡皮擦!绝对能擦掉笔迹!绝对便宜!"

好不容易,有几个人围了上来。

爱德华·纳尔恩更加卖力地吆喝,同时用橡皮擦去擦那些黑色的线条。

"哇!"当大家看到笔迹果然消失不见后,均发出了惊叹声。

立刻,廉价的橡皮擦名声大噪,几乎每个人都买了一块,不过也有人不以为意,觉得不就是一块普通的橡胶,自己也能制造啊!

由于爱德华·纳尔恩的橡皮擦取材于未经加工的橡胶,所以很容易腐坏、破裂。在公元 1839 年,一位名叫查尔斯的发明家发现在橡胶中添加硫黄可以提升橡皮擦的质量,这时橡皮擦的使用才变得更加得心应手。

在新型橡皮擦中,查尔斯加入了硫黄、油脂等物,使橡皮擦在黏上石墨后容易掉渣,这样,带着污秽的碎屑就离开了橡皮擦,而橡皮擦也就不会把纸弄脏了。

小知识

公元 1770 年 4 月 15 日,英国化学家约瑟夫·普利斯特里描述了一种可以擦去铅笔墨迹的植物胶,说:"我见到一种非常适合擦去铅笔笔迹的物质。"他称此种物质为橡胶。

石头居然也能呼吸

走入千家万户的煤气

大家见过会"呼吸"的石头吗？

有人肯定会质疑："石头怎么会呼吸呢？"

但是英国化学家威廉·梅尔道克却会告诉大家：石头确实是能吐气的，而且他还因此做出了一项重大的发明！

梅尔道克从小就爱玩，他喜欢跟伙伴们在泥地里打滚、爬树掏鸟蛋，不过他最喜欢的，就是和其他孩子一起去城镇后面的山上玩石头。

因为山上的石头比较奇怪，能够用火点燃。

梅尔道克对这种石头产生了浓厚的兴趣，不过他并不想烧石头，而是想把这样的石头放在锅里煮一煮，看看情况如何？

他把石头放入一个水壶中，加上水之后用火烧壶底。

不久之后，石头开始在水壶中不安分起来，它不仅跳动个不停，还发出"呼噜呼噜"的响声。

梅尔道克很好奇，就走到水壶前查看。

他发现壶嘴正"扑哧扑哧"地往外喷白气，仿佛水壶是一个大口喘气的胖子似的，不由地觉得好笑，就揭开壶盖，看个究竟。

他惊讶地发现，壶里的石头在高温环境下，居然在不断地往外冒白气，这让梅尔道克产生了疑问。

难道说，这种容易被点燃的石头，燃烧的都是这种气体吗？

他划亮一根火柴，凑到壶嘴边，想证明自己的想法，哪知火苗刚一接近水壶，就变成了一道狰狞的火焰，从梅尔道克的头上呼啸着喷了出去。

梅尔道克被吓得后退了好几步，但他依然没有丝毫恐惧，反而加倍觉得这种石头"太好玩了"！

长大后，梅尔道克在化学领域不断有所建树，这时候他忽然想起小时候的那块"会呼吸"的石头，就决心将石头的秘密给解出来。通过分析石头里的物质，他发现原来这种石头含有煤炭成分，而这或许就解释了石头的燃烧之谜。

不过，煤燃烧后生成的气体不会继续燃烧，所以，这种石头所吐出的白气一定是人们未知的气体！梅尔道克又做了大量的研究，这才弄明白那些白气的由来，他一高兴，又开始顽皮了，决定要让大家开开眼界。

他请来了自己的一些亲朋好友，说是要举行宴会，但在宴会开始前，他把客人叫到自己的工作室，说要给他们一个惊喜。

众人以为梅尔道克准备了什么礼物，都满心期待着。

梅尔道克把一块重约 15 磅的煤放进水壶里，并在壶嘴上接起一根长长的铁管。然后，他把水壶放在炉子上加热。不一会儿，白色呛鼻的气体就从壶嘴里溢出了。

"这是什么呀？"大家难以忍受空气中难闻的气味，七嘴八舌地问道。

"很快你们就知道了！"梅尔道克卖了个关子，慢悠悠地说。

过了一会儿，他弯腰从地上拿起铁管，把手放在管口试了试，说："好戏就要开场了！"

说着，他拿出火柴，划了一根放在铁管口，只听"噗"的一声——铁管口跳动着蓝色的火焰，把整间屋子照得亮堂堂的。

"梅尔道克，你是在变什么魔法呀？"宾客们好奇地问。

"哈哈，我刚才给你们展示的是……煤气！它能烧东西，以后会很有用处的！"梅尔道克得意地说。

当时，在场的人均不以为然，谁知梅尔道克的预见是正确的，他将一氧化碳、空气和水蒸气混合，造出了最初的煤气。

煤气煮东西非常快捷，因此颇受人们欢迎，梅尔道克遂发了大财，成为千万富翁，这就是知识的力量啊！

小知识

煤气中毒通常指的是一氧化碳中毒，一氧化碳是煤炭燃烧不完全形成的。一氧化碳被吸入肺，并透过血管进入血液。我们知道，红细胞是携带氧气及二氧化碳的"气体交换车"，通过红细胞的流动，全身组织才能进行气体交换。而一氧化碳与红细胞结合的力量比氧气大 200～300 倍，所以大量的一氧化碳与红细胞结合，就大大减少了红细胞带氧的能力，使组织发生缺氧导致"窒息"。

23

英国女王惨变落汤鸡

抽水马桶的问世

俗话说，人有三急，其中"上厕所"这一急，就算是天上的仙女、地上的男神，都逃不掉这一关。

于是，抽水马桶成为现代家庭中不可或缺的物品，有了它，人们的如厕行为才变得卫生优雅。抽水马桶可谓是现代文明的一大进步。

抽水马桶的老祖先很难考证，不过到了中世纪的欧洲，人们还算讲究家庭卫生，于是木质的马桶便进入千家万户，勤勤恳恳地让民众们"方便"着。

约翰·哈灵顿画像

在英国的伊丽莎白女王时代，上至王室贵族，下至平民百姓，都在使用这种马桶，不过人们只注意让自己家里干净整洁，却不管街上的污秽。

于是，马桶满了之后，女人们就将其端到窗边，对准大街一倒，非常"方便"。当时马路上也没有专门的清洁工，要想让街道变得整洁，唯一的方式就是雨水冲刷，若轮到持续天晴的日子，那股气味，真是能"绕梁三日"啊！

终于，一位诗人忍无可忍，对着女王控诉百姓的素质低下，而且他还发誓，一定要造出一种干净一点的马桶。

此人就是伊丽莎白女王的教子——约翰·哈灵顿爵士。

作为一介文人，如果创作时整天嗅着众人制造的那难闻的味道，还能有灵感出来吗？不过哈灵顿似乎忘了，尊贵的王室也不见得素质能高多少，王宫里那偌大的花园时常成为宾客的如厕场所，女王对这种情况装作毫不知情，毕竟人家是贵客，不能让他们出洋相。

当女王听到哈灵顿说能造一种干净的马桶时，她很高兴，就让教子赶紧做给自己用。哈灵顿不愧为一个作家，创意就是比别人要多，他心想：如果马桶不能移动，就只能用水把污物冲走了，那么马桶的底部就必须是空的，而且需要接上管子，这

52

样脏东西才能排到外面去。

于是,他立刻买来一个木桶,在桶底挖出一个大大的圆洞,再找来一根又长又粗的管子,接在桶子底部,这样马桶的基本样式就出来了。可是水该装在哪里呢?

哈灵顿想到了那奔腾的瀑布,当水流一泻千里的时候,拥有的力量是巨大的,而地势低平的河流不具备这样的威力。

"我明白了!要建一个水箱,而且要高高地挂在马桶的上方才行!"哈灵顿笑着说。

很快,他的抽水马桶造好了,为了控制出水量,他还给水箱配备了一个阀门,想要冲马桶的时候就将阀门一拉,水就出来了。

哈灵顿为自己的发明感到得意,他马上跑到王宫,说马桶已经造好了,女王高兴地说:"那就给我也装了一个吧!"

别看女王陛下已经是一位老人了,但她对新鲜事物的接受能力还是很强,而且她居然没有先试试这种抽水马桶好不好用,就直接在马桶上方便了一下,然后拉起阀门,见证奇迹的时刻到了。

可惜哈灵顿装的阀门有问题,刹那间,水流如瓢泼大雨,从水箱中喷了出来,将英国女王从头到脚浇了个遍。

女王大叫起来:"来人!快来人!"

女仆们赶紧冲了过来,为女王擦身、换衣服,而哈灵顿在得知这一消息后,心中十分歉疚,他再度跑到宫里,想为女王改良一下抽水马桶。

好在女王宽宏大量,没有怪哈灵顿,于是哈灵顿认真研究了那个坏掉的阀门,又重新装了一个好用的上去。

宫里的抽水马桶这下终于能用了,但当时是没有排水系统的,所以污水照样得排到地面上。

女王想了想,笑道:"排到花园里不就行了?"

哈灵顿觉得这是个好主意,就照做了,就这样,世界上的第一台抽水马桶诞生了,而后人们创造了自来水和排水系统,才让如今的人们用上了更为方便的马桶。

小知识

英国发明家约瑟夫·布拉梅在18世纪后期改进了抽水马桶的设计,并在公元1778年取得了这种抽水马桶的专利权。但是直到19世纪后期,欧洲的城镇都安装了自来水管道和排污系统后,大多数人才用上抽水马桶。

为赌徒特制的食物

伯爵的三明治

作为时下风靡全球的快餐,三明治和汉堡简直可以说是打遍天下无敌手。人们之所以会买它们,是因为它们吃起来相当节约时间,但很少有人知道,三明治产生于 13 世纪,几乎和面包一样历史悠久。

在古代,人们处于男耕女织的封建社会,生产力极其低下,所以生活节奏是很慢的,可是为何还需要三明治这种快餐食品呢?

这得从一个名叫约翰·蒙塔古的英国三明治伯爵说起。

约翰·蒙塔古画像

蒙塔古伯爵嗜赌如命,他少了桥牌就无法生活,他可以整宿不睡,没日没夜地站在赌桌旁,只为赌博的那份刺激和胜利的喜悦。

还好这位伯爵的家境不错,否则他早就把家产败光了。

由于伯爵出手大方,而且每回赌钱,下的注都特别大,镇上的赌坊老板便暗暗打起了鬼主意,图谋将蒙塔古的钱都骗过来。

不久之后,镇上来了一位傲慢的中年贵族,他自称霍桑爵士,并吹嘘自己牌技很好,天下再也难找到与他匹敌的对手。

赌坊里的人都不信,但结果却令他们无话可说,霍桑的牌技确实很好,而他的运气更好,几乎每次都能摸到一手好牌。

蒙塔古伯爵得知霍桑的大名后,自然很不服气,就向对方宣战,要和霍桑一决高下。

孰料霍桑轻蔑地摸着自己的小胡子,冷笑道:"听说你的牌技不好,我看还是算了吧!"

蒙塔古被气得火冒三丈,他大叫道:"我牌技怎样,比一比就知道了! 你若不敢比,你就是懦夫!"

霍桑这才慢悠悠地说:"我可不是懦夫,你若想比,那可别后悔!"于是,两人来到赌坊,在牌桌上开始了激烈的厮杀。

一开始,蒙塔古的运气确实不错,他接连赢了霍桑好几局,但随后局势对霍桑有利起来,蒙塔古不仅把先前赢的钱输了个精光,还开始倒贴钱了。

蒙塔古很不甘心,他与霍桑大战了一天一夜,仍旧不能扳回颓势。

其实,霍桑是赌坊老板请来的老千,目的就是让蒙塔古输钱。

老板见蒙塔古不要命地豪赌,怕对方搞坏了身子,那样就骗不了钱了,便假装好意地劝道:"你一天都没吃东西了,还是吃一点吧!"

孰料蒙塔古不领情,他不耐烦地摇头:"不吃不吃,没时间!"

老板想了想,觉得蒙塔古之所以不吃饭,就是因为吃饭太耗时了,于是他想了个办法:让厨子将牛肉、鸡蛋、生菜夹在两片面包中,然后递给蒙塔古,笑道:"伯爵大人,这种食物您可以边赌边吃,不影响你打牌。"

蒙塔古接过食物,发觉真的很方便,就大笑道:"它叫什么?"老板一时语塞,不知该如何称呼这种食物。

这时,蒙塔古有了主意,他瞪着对面的霍桑,说:"就叫三明治吧!"说罢,狠狠地咬了一大口"三明治"。

后来,蒙塔古伯爵破产了,但他钟爱的三明治却在英伦三岛流传开来,最后整个欧洲都被这种夹馅面包征服了。

到了19世纪中叶,德国人将牛肉泥制成肉饼的技术传到了美国,美国人就对三明治进行了改良,他们用两块圆形的撒了芝麻的面包代替了面包片,然后将牛肉饼和蔬菜夹在圆面包中,于是,风靡世界的汉堡便出炉了!

小知识

三明治这一名称来自18世纪英国海军大臣三明治伯爵约翰·蒙塔古的伯爵头衔之名。蒙塔古是英国历史上有名的政治家,一生中集功名和败誉于一身,英国人一方面将建设英国海军的功劳归于他,另一方面他们将美国殖民地的丢失也归罪于他。

25

能提神的神奇饮料
巧克力留洋记

巧克力是著名的甜食,相信很少有人能抵挡住它的诱惑,而若追溯起巧克力的历史,在 16 世纪甚至更早的时期它就已经为人所知。

不过,最初是没有巧克力这种东西的,它的前身是可可粉,直到哥伦布发现新大陆,它才被欧洲人带回了国。

在公元 1519 年,西班牙探险家埃尔南·科尔特斯率领着一支探险队进入墨西哥,在热带雨林潮湿炎热的条件下,队员们一路经受了毒虫叮咬、猛兽袭击的恶劣环境后,最后终于来到一处高原上。这时,他们已经累得快要虚脱,连走路的力气都没有了。

科尔特斯鼓励着自己的队员,但没有人听他的,事实上,连他自己都不确信自己还能坚持多久,因为他的声音里透着疲惫,那是筋疲力尽的信号。

集探险家和殖民者于一身的
埃尔南·科尔特斯

就在队员们一个个躺在地上唉声叹气的时候,一群印第安人向他们走来。

科尔特斯立刻警觉,同时催促队友赶紧戒备,谁知众人仍是一副懒洋洋的模样,让科尔特斯暗呼不妙。

好在这些印第安人非常友善,他们看到地上这群白种人痛苦的样子,猜到发生了什么事,便从随身携带的包袱里取出几颗黑黑的豆子,将其碾成粉末,放入煮沸的水中。

开水立刻变成了黑色,印第安人又在水中加入了胡椒粉,顿时,一股既浓郁又让人想打喷嚏的香味飘进了众人的鼻腔。

印第安人端着那杯黑抹抹的水,递给科尔特斯,然后叽里咕噜地说了一大堆话,好像是让科尔特斯把水喝下去。

科尔特斯皱着眉,看着那黑色的水,心中充满了抗拒。

可是印第安人一个劲地让他张嘴,他不敢忤逆对方的意思,只好费力地吞了一口黑水。

"真苦！又苦又辣，这玩意儿真难喝！"科尔特斯直吐舌头。

他等待着生命的最终时刻，却用眼睛的余光瞥到印第安人又在喂自己的队友黑水，不禁内心凄凉，觉得好不容易的一趟探险，竟然要以这么窝囊的形式结束。

谁知，他在等待了几分钟后，不仅没死，反而还更有精神了，而地上的探险队员们也好似焕发出活力，个个一跃而起，活跃得不得了。

"真神奇！"科尔特斯目瞪口呆，他知道"魔法"来自那几颗黑色的豆子。

于是他向印第安人索取这种豆子，尽管语言不通，对方还是明白了科尔特斯的意思，遂慷慨地将一些豆子送给了西方探险家。

科尔特斯带着豆子继续探险，后来他找到了一个印第安翻译，这才明白这些豆子叫"可可豆"。

9 年后，科尔特斯回到祖国，他向国王查理五世献上了神奇的可可水。由于西班牙人爱吃甜食，所以他还在水中加入了蜂蜜，让饮品中带着一股甜香，同时又散发出独特的苦涩香气，让人回味无穷。

自美洲被发现之后，用可可做成的饮料成为欧洲非常受欢迎的饮料之一

国王自然很高兴，封科尔特斯为男爵，从此，可可水就成为西班牙人菜单上必不可少的一道饮品。

过了一段时间后，一个名叫拉思科的商人动起了脑筋。

原来，他嫌每天都要煮开水冲可可粉太麻烦，就突发奇想：为什么不把可可饮料做成固体，这样想吃的时候就掰一块放入嘴里，多省事啊！

拉思科认为肯定有人赞同自己的想法，于是他就试验起来。

经过反复的浓缩、烘焙，他成功研制出一种黑色的固体食物，并将其命名为"巧克力"。

"巧克力"在低温环境下保持固态形状，但一旦被放入口中，便会瞬间融化，它口感柔滑，又兼具提神的功能，所以颇受人们的喜爱。

这种"巧克力"就是第一代的巧克力，由于人们太喜欢巧克力了，就又做了很多改进，这才让如今的我们得以品尝到这一美味佳品。

26 不会晕染的畅销笔

风靡世界的圆珠笔

自从人类发明了文字，就需要用笔来书写，最开始，他们用树枝在地上刻画，后来又用石头在动物的骨头上篆刻，花费了很多时间，而且字也不容易保留下来。

中国商朝晚期，王室为了占卜记事而在龟甲或兽骨上契刻的文字

到了近代，人们发明了铅笔，随后又有了钢笔，写字才真正变得方便起来。

不过用钢笔写字虽然不易掉色，却有个问题：钢笔是将墨水涂抹在纸上的，如果漏墨水，写出来的将不是字，而是一摊墨迹，并且墨水在纸上很容易晕染，不仅不美观，还影响到阅读。

有人就想另外造一枝好写的笔。

公元 1888 年，有一个名叫约翰·劳德的美国人很有创意地想让滚珠作为笔尖，以便控制墨水的量。

也不知劳德是怎么想的，他明明觉得自己的笔很好用，却不大量生产，白白地让赚钱的机会从自己的身边溜走了。

后来，一些人也开始制造笔尖有滚珠的笔，但是质量太差，也就偃旗息鼓了。

直到公元 1936 年，这种新型笔才姗姗来迟。

那是在匈牙利，一个名叫拉迪斯洛·比罗的校验员在新闻印刷厂工作，他的工作决定了他要不时用钢笔在样稿上进行修改。

比罗是个穷人，他买不起好钢笔，只好用容易漏墨水的钢笔进行涂写，但是这样就容易在样稿上留下污渍，对此他也是一筹莫展。

一天深夜，比罗在厂里加班，在昏黄的灯光下，他费力地看着样稿上的每一行文字。

这时，他发现了一个错误，便提起钢笔进行修改。

可是令他没想到的是，那钢笔居然在这时候滴下一大滴蓝色的墨水，弄脏了样稿上的好大一块地方。

"哎呀！真倒霉!"比罗唉声叹气,他慌忙用布去擦拭墨水,但墨迹依旧存在,让他差点看不清被掩盖的字。

"我就不信没有一种又便宜又不会漏墨水的笔!"比罗愤愤地想。

他决定要造一种既好用又廉价的笔来代替钢笔。

经过反复试验,他发现将钢笔的墨水变成速干油墨,就能避免晕染的情况,不过这样一来,黏稠的油墨就不能顺着笔尖流到纸上了。

比罗没有被难倒,他又想出了和前人一样的办法,就是在笔尖装一个滚动的金属圆珠,这样既避免了油墨直接倾泻在纸上,又能控制油墨的量。

在经历了一段时间的研制后,比罗终于将这种笔造出来了,他满心喜悦,用笔在纸上画着,发现确实能留下抹不掉的印迹,而且墨水也不会溢出了。

"我成功了!"比罗兴奋地大喊。

由于这种笔有一个圆圆的钢珠,比罗就称其为"圆珠笔"。

在接下来的几年中,他又对圆珠笔进行了持续的改良,并在公元1943年申请了专利,2年后,第一代圆珠笔正式问世,激起了巨大的回响。

人们发觉圆珠笔比钢笔好用之后,都一窝蜂地去买圆珠笔,不过大家写着写着,就发现原来圆珠笔也有缺陷,那就是一旦写的字增多后,钢珠与笔尖圆管之间的空隙会变大,那么油墨照样会漏出来,而且比钢笔漏墨水的情况更可恶。

无数人为解决这一问题而冥思苦想,但圆珠笔却似一匹脱缰的野马,就是不肯被人们驯服。

后来还是一个日本的小企业主换了个思路,想到了一个好办法:既然圆珠笔在书写到两万字的时候必定会漏油,那干脆就给它装只够书写一万多字的油墨!

他也申请了专利,还专门制造油墨较少的圆珠笔芯,结果也取得了巨大的成功,让如今的人们书写变得更加便利了。

小知识

公元1943年6月,比罗和他的兄弟格奥尔格(一位化学家)向欧洲专利局申请了一个新专利,并生产了第一种商品化的圆珠笔———Biro圆珠笔。后来,英国政府购买了这个专利圆珠笔的使用权,并在英国皇家空军中收到了很好的使用效果,使得Biro圆珠笔大受好评。

27

犬牙交错的另一种用途

便捷的拉链

人们在穿衣服时，为了将衣服系紧，少不得要扣上纽扣，除此之外，还有一样东西也是衣物的必需品，那就是拉链。

在 20 世纪 80 年代的美国，民众甚至认为拉链比飞机、电视等大件更有用，足见拉链的受欢迎程度。不过，拉链诞生得比较晚，它的同伴——纽扣则在 15 世纪就跟随欧洲的十字军从中亚来到了西方。

欧洲的王公贵族初次见到漂亮的纽扣，顿时心花怒放，大笑道："我竟不知道，世上还有这样的装饰物！"

搞笑的是，对纽扣青睐有加的不是贵妇，而是中世纪爱美的男士，而法国国王路易十四更是不得了，他直接要求裁缝为自己华丽的王袍镶上纽扣，而且要"越多越好"！

结果，那件考究的袍子上挂满了林林总总、密密麻麻的 13000 颗纽扣，重得要命，真不知路易十四是怎么穿上这件衣服的。

到了 20 世纪，美国芝加哥的一位机械师怀特科姆·贾德森为过多的纽扣发愁了。

贾德森觉得纽扣要一颗一颗地扣上，实在太麻烦了！而且他还特别喜欢穿长筒靴，可是他若想穿上靴子，就得应付二十多颗纽扣，这让他直呼吃不消。

贾德森并非懒人，他只是性子有点急，所以对纽扣深恶痛绝。

为此，贾德森经常会想：我为什么不用一种东西来代替纽扣呢？最好在使用它时不需要费多少力气，轻轻一个动作，就能一步到位。

可是他想不出该怎么做，毕竟当时人们除了纽扣，想要把东西系紧就只能靠带子和铁钩。

无法跳脱传统的思维，这让贾德森想了好几个月，仍是一无所获。

有一天，妻子让他去市场上买纽扣，贾德森一听又是纽扣，不由得大声抗议："我不喜欢那种东西！"

妻子听后大怒，说："除非你给我创造一种可以替代纽扣的东西，否则就给我上街去！"

贾德森一下子泄了气,只好出门。

在路上,他越想越气:怎么就找不到一种东西来取代纽扣呢?

他正在思考这个问题时,没料到与一个牵着狗的夫人不期而遇。

妇人的狗见贾德森直冲着自己而来,立刻发出了低沉的嘶吼,威胁贾德森离开。可惜贾德森正沉浸在自己的思考中,居然没有注意到危险。

恶狗再也按捺不住,扑上前去,对着贾德森的腿就狠狠地咬了一口。

"哎哟!"贾德森大叫一声,脸色都变了。

妇人赶紧拉着狗后退,并不停地给贾德森道歉,但那狗仍凶狠地瞪着贾德森,并龇牙咧嘴冲着对方吼叫。

幸好贾德森穿着长靴,而他的靴子皮比较厚,虽然被咬破,却保护了他的一条腿。

贾德森觉得真是太倒霉了,这是他最喜欢的一双靴子啊!

他愤怒地看着妇人的狗,刚想发火,却在无意间看到了狗的两排牙齿,忽然有了主意。

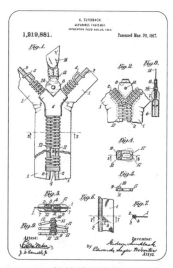

拉链的设计图

原来,狗的牙齿是交错而生,虽然不整齐,却能在闭紧嘴巴的时候严丝合缝地扣在一起,这不是他一直苦苦寻觅的东西吗?

贾德森顿时手舞足蹈,连买纽扣的事情都忘了,他飞奔回家,着手做设计。

公元1891年,他设计出了两根链条,采用钩环来绞合,用来系鞋和靴子。如此一来,当链条合起来的时候,细齿就能严密地咬合在一起了。为了让链条开合,他还做了一个可以拉动的滑片,于是,世界上第一款拉链产生了。

后来,贾德森将他的拉链带到了芝加哥世界博览会上展出,获得了青睐,人们将拉链称为"可以移动的扣子"。

从此,拉链便逐步走上生活的舞台,为人们提供了诸多的便利。

小知识

现代拉链是瑞典裔美国电机工程师吉迪昂·森贝克于公元1914年发明的,他用凸凹绞合代替了钩环结构,于公元1917年申请了独立专利,称为"可分式扣"。

曾让人谈之色变的日用品

"凶猛"的火柴

火是伴随着人类社会最久的一样东西,人们为了能吃到健康卫生的食物,就得生火做饭,所以如何点火就一直困扰着古人。

最初,人们用钻木取火的办法获得火源。

后来,又有人发明了打火石,根据摩擦起电的原理碰出火星,干柴就能被点燃了。

可是那一点点火星总是很难点火成功,所以这种方法还是很不方便。

19世纪上半叶,英国化学家和药剂师约翰·沃克突发奇想:同样是摩擦生热,用化学物品不是更加方便吗?还要费那么大的力气去砸石头做什么?于是,他就找来了氯酸钾和硫化锑,做成一种膏状的物质,涂在木片的一端,然后用砂纸夹住裹着化学物质的木片,用力一拉,火苗燃起来了!

"哈哈!我成功了!"沃克朗声大笑,但随即他叫起来,"哎呀,好痛!"原来,砂纸也被点燃了,差点烧到沃克的手。

沃克想了想,认为是化学物品涂太多的缘故,所以他减少了膏状混合物的用量。

然而,这一次火没有被点起来,因为涂抹物不足以支撑化学反应。

到底还是化学家发明起火柴来得心应手,4年后,一个名叫索里尔的法国化学家看到白磷极容易被点燃,就灵机一动,将其涂抹在细小的木棍顶部。这种火柴特别容易引燃,只要将它的火柴头放在砂纸上轻轻一刮,就有火焰出来了。索里尔做了很多根火柴演示给别人看,大家都觉得他的想法不错,于是这种白磷火柴就流行开来。

不久后,在一个月黑风高的夜晚,巴黎某百货商店燃起了熊熊大火,当人们对起火原因莫衷一是时,警察却透露出一个惊人的消息:纵火嫌疑犯是一只老鼠!

"老鼠怎么可能引发那么大的火灾呢?这是在开玩笑吧?"人们目瞪口呆。有些得到小道消息的人则神秘兮兮地告诉大家:"警察说得没错!是老鼠咬了火柴,才导致了大火的产生!"

当大家确定白磷火柴有如此大的破坏力时,都不镇定了,他们赶紧回家,对火柴进行密封处理,因为谁都不能保证自家没有老鼠啊!

好在很长一段时间过去了,再也没有发生火柴引发火灾的事件,人们的恐惧感也稍微下降了一些。

谁知一波未平一波又起,接下来发生的事情让民众们更加手足无措。

在巴黎郊区的一家火柴厂里,有一个年轻的女工长期制造火柴,导致她下颌骨烂掉了。

这名女工承受的不幸还不只这些,后来她得了重病,不治身亡。

因为这起悲剧又与火柴牵连到一起,人们无法泰然自若,又开始议论起来。

"据说,她是因为磷中毒而死的!"有个人得到了小道消息。

"啊? 太可怕了! 怎么会这样! 那我们是不是也会中毒?"其他人的第一反应就是这样。

从此,大家都不敢用火柴了,可是不用火柴的话,生火又变成一件难事,真让人左右为难。

公元 1845 年,奥地利化学家 A.施勒特尔发现,红磷是无毒的,而且也容易燃烧。这就为瑞典人约翰·爱德华·伦德斯达勒姆发明和推广安全火柴奠定了基础。

伦德斯达勒姆觉得火柴梗应该放在一个既能储藏它,又能与它摩擦起火的盒子里。于是,他将氯酸钾与硫黄等化学物品裹在了火柴头上,而将易燃的红磷涂抹在了火柴盒的侧面,只有当火柴头与火柴盒摩擦时,才会起火,这样就可避免火灾的发生。公元 1855 年,他获得了安全火柴的专利权。

伦德斯达勒姆的发明,让火柴从一个杀人"恶魔"变成了温顺的绵羊,后来他的设计就成了火柴的基本样式,没有再变动过。

小知识

公元前 2 世纪,中国出现了现代火柴的前身——发烛,相传是西汉淮南王手下的术士们(八公)所发明的。发烛又名引光奴,到清朝又名取灯,它确实是一项伟大发明,其作用是由火种迅速得到火焰以点燃灯烛,使人类用火的本领更进一大步。

29 居然会有青蛙放电现象

第一颗电池的诞生

我们的生活离不开电池,大到燃气灶、热水器,小到手机、手表,都需要电池的帮忙。

电池的出现与电这种物质息息相关,但它不是被科学家有目的地制造出来的,而是要多亏了一种动物,那就是青蛙。

大约在公元 1799 年,意大利生物学家伽伐尼在一次做青蛙解剖实验的时候,将剥了皮的青蛙用两个铜钩钩住,然后挂到了铁栏杆上。

正当他准备继续上课时,他的一个学生忽然喊叫起来:"老师,你快看!青蛙在抽搐!"

亚历山德罗·伏打画像

伽伐尼低下头仔细看着青蛙,发现果真如此,而这时候青蛙已经死了,并不是它主动在动。

经过思考,伽伐尼提出了一个假说:青蛙身上有一种生物电,所以青蛙的肌肉才会不自觉地动起来。

为了进一步了解这种"生物电",他请来了自己的好友——物理学家亚历山德罗·伏打来观看这个青蛙实验。

伏打立刻对伽伐尼的青蛙产生了兴趣,但他觉得生物体内的电流只存在于极少动物身上,青蛙在活着的时候就没有电流,死后怎么可能会突然产生电流呢?

带着疑问,他重复做了青蛙实验,发现只有在青蛙身上插一块铜片和一块铁片,青蛙的肌肉才会抽搐,如果插的是两块铜片或者两块铁片,青蛙是纹丝不动的。

也就是说,青蛙之所以会动,与"生物电"没有关系,而是因为它就像一个容器,与金属片组合在一起时才能够发电!

伏打一拍脑袋,哈哈大笑起来:"以前做实验的时候就知道有电流回路的概念,没想到在青蛙身上也能行得通啊!"

为了验证自己的想法,伏打决定再做一个实验。

这一次,他用锌片取代了铁片。

为了让电力强劲,他找来三十块圆锌片和三十块圆铜片,并将这两种金属片各自叠成两堆,而每两块金属片的中间又加了一张浸有浓盐水的吸水纸。

当一切准备就绪后,伏打将两根导线分别系在铜片堆和锌片堆上,然后深吸一口气,将两线连接在一起。

就在两根线互相触碰的那一刹那间,明亮的电火花迸发,伴随着电流的"嘶嘶"声,伏打又惊又喜。

"我猜得果然没错!因为金属片传送了电流,青蛙肉才会抖动!我发现可以产生能量的东西了!"伏打兴奋地大叫起来。

他激动地停不住手脚,又将导线与电流计连接,结果显示有电产生的指针动了,一切毋庸置疑!

于是,伏打将他的实验装置进行了改进,发明了一种可供发电的仪器,人们称之为"伏打电堆"。

伏打电堆原型

伏打电堆就是世界上的第一台电池,它成为日后其他电池的祖师爷,距今已有200多年的历史。

公元 1801 年,伏打还给法国皇帝拿破仑演示了伏打电堆的发电过程,让后者啧啧称奇,伏打因此被授予金质奖章,还成了伯爵,风光一时。

小知识

在古代,人类有可能已经不断地在研究和测试"电"这种东西了。一个被认为有数千年历史的黏土瓶,在公元 1932 年于伊拉克的巴格达附近被发现,它有一根插在铜制圆筒里的铁条——可能是用来储存静电用的,然而瓶子的秘密可能永远无法被揭晓。

30

饿晕之后进行的思考

能提高气压的压力锅

压力锅是家庭的厨具之一,用它做饭做菜,食材很容易就被煮熟,所以很多人的厨房里都会添置这一用品。

那么,压力锅是怎么诞生的呢?

说起来,它还有一个颇为辛酸的故事在里面。

那是在三百多年前,一位年轻的法国医生丹尼斯·帕平突发兴致,要从法国南部的阿尔卑斯山走到瑞士去。

可是想得容易,行动起来却很难,他才走了一半的路程时,便发现随身携带的食物已经所剩无几了,为了不断粮,他只好下意识地节约每日的口粮。

在风雪的严酷考验下,他终于步履蹒跚地走到了阿尔卑斯山的山顶。这时候,天色已经暗沉下来,而肆虐的狂风丝毫没有收敛之意,帕平觉得他若再不吃点东西,恐怕是撑不过这个晚上了。

于是,他解开背上轻飘飘的布袋,掏出了几个马铃薯,决定煮着吃。

在寒冷的雪山上,木柴很难寻觅,帕平费尽周章才找来一些带着潮气的树枝,然后吃力地点上火,将马铃薯放入装水的锅中,饥肠辘辘地等待着。

大约等了一刻钟,他迫不及待地将马铃薯从锅中捞出,然后用力一咬。

"呸!呸!怎么是生的!"帕平连吐口水,只得把马铃薯又放了回去。

他又焦急地等待了一会儿,再度将马铃薯捞起来,却发现马铃薯还是没熟。

"我这是撞邪了吗?"帕平嘟囔着。

这一次,他等待的时间长了点,同时在心中暗暗告诉自己:反正会熟的,不急于一时。

他等啊等啊,一直等了一个晚上,马铃薯却像中了魔法一样,就是不肯熟。

最后,帕平只得喝水果腹了。

也许是质疑马铃薯为何不熟的想法支撑了他整个晚上,帕平没有被冻死,但是第二天他就开始拉肚子,饥饿再加上腹痛,真是苦不堪言。

几年后,帕平来到了英国,他成了一名物理学家,并受聘于物理学家博伊尔的工作室。

66

通过与其他人的交流,帕平终于明白了马铃薯的奥秘。

原来,高山上气压低,所以水的沸点也低,水就很容易被烧开,但其实这种水不能喝,所以他腹泻了。至于马铃薯,因为没有一个能煮熟它的气压,所以肯定是无法食用的。

在弄清楚了气压的问题后,帕平仍对当初的饥饿心有余悸,他觉得自己这辈子再也不要犯这样的错误了。

可是,那些上山的人该怎么办呢?难道他们也注定没饭吃吗?帕平忽然起了怜悯之心。

他想,如果我能造一种提升气压的锅,不就能在山上煮东西了吗?

可是,如何才能增压呢?

帕平试了很多办法,后来他发现,在封闭的环境中,不断地加热,气压就会变高。

他由此来了灵感,做了一个密闭的锅,然后在锅里放上水,发现水的沸点果然提升了。

"只要维持这个锅是封闭的就可以了!"帕平愉悦地说。

他找来了橡皮垫套在锅盖上,这样就不会漏气了,但是如果压力太大,轻易触碰就会有爆炸的风险,帕平又在锅盖上凿了个小孔,装上了一个安全阀,用来给锅"透气"。

帕平给自己的锅取名为"消化锅",并向英国皇家学会提交报告,称自己拥有了一项伟大的发明。

很快,皇家学会的会员们就来鉴定"消化锅"。

帕平拿出一只被宰杀干净的生鸡,当众放入装了一些水的消化锅里,然后盖上了锅盖。

不一会儿,锅盖上的安全阀"突突"地跳起来,并喷出了炙热的白气。

大家都觉得惊奇,目不转睛地看着帕平变魔法。

一盏茶的时间后,帕平熄灭了火,并完全放走了消化锅里的蒸气,这才向其他人深深地鞠了一躬,说:"各位请看,鸡已经熟了!"

没有人会相信他的话。

可是当帕平揭开锅盖的那一刹那,所有人都被香气征服了,因为这种锅跟压力有关,所以后人就称其为"压力锅"。

31

男人用的快速消费品

吉列发明的安全刮胡刀

"怎样才能赚大钱呢?"

19世纪末,美国一位名叫金·坎普·吉列的推销员整天都在想这个问题。

他出生在美国芝加哥一个小商人的家庭里,家境时好时坏,16岁那年走上了推销员之路,可是到了40岁仍无任何起色。

大家都笑他眼高手低,吉列却不这么认为,他觉得自己将来一定是个大富翁。

由于太想成功了,他连刮胡子的时候都在浮想联翩,结果被手里的刀片划破了下巴,流了很多血。

这下,人们又有了嘲笑他的新话题了:"吉列,你不是大富翁吗? 怎么还自己刮胡子呢?"

吉列对于这种嘲讽并不理睬,不过下回他刮胡子的时候没敢亲自动手,而是去了一家理发店。

店老板一看吉列受伤的下巴就笑起来,打趣道:"你也被剃刀划伤了?"

"是啊! 真倒霉!"吉列垂头丧气地坐在理发椅上。

"看来男人们还真是害怕刮胡子呢! 总是有人伤到自己。"老板分享着他的经验。

吉列听到这番话,忽然开了窍:我要寻找的商机,是否就在剃刀里?

那个时候,剃刀只是一块一边有保护的刀片,男人们要刮胡子时,就拿起刀片,直接凑到自己的皮肤上"除草"。

"如果能发明一种安全刀片,岂不就能减小受伤的概率了?"吉列捏着他下巴上的胡须,思忖着说。

理发店老板朗声大笑起来:"如果有那种刀片,是好事也是坏事,大家可以替自己刮胡子了,谁还会来我这里消费啊!"

吉列却高兴极了,虽然大家不会再去理发店,但他们一定会大量地买这种刀片,倘若他创造出安全刀片,生活肯定会大大地改善。

吉列又想:虽然男人消耗物品的速度很慢,可是他们的胡子是天天长,所以得天天刮!

他深知安全刀片绝对可以成为男性的快速消费品，因此踌躇满志，欲为自己的前途大干一场。

在接下来的数个月内，他整日整夜地制作安全刮胡刀片，往往每发明出一种类型，就拿自己做实验。

后来，脸上的伤口实在太多了，狡猾的吉列又怂恿他的亲朋好友来帮忙。

这下可好，大家的脸上都留下了数道伤口。

"老兄，你别再让我们做实验了，我们可要抗议了！"他的弟兄们半开玩笑地说。

吉列没有放弃，他觉得如果把安全刀片与安全刀具组合在一起，或许会成功。

于是，他又信心十足地研究起了安全刮胡刀。

经过一年的努力，吉列终于制造出了一种 T 字形的刮胡刀，这种刮胡刀的刀片既锋利又柔韧，可以在接触皮肤的时候随脸型变换角度，所以大大降低了男人们受伤的概率。

虽然使用效果不算太理想，但与传统刮胡刀相比，无论是锋利程度还是安全性能，都有了很大的提升。

吉列把设想变成设计后，便申请了专利，然后开始四处寻找合作人。麻省理工学院毕业的机械工程师尼克逊对此很感兴趣，他主动与吉列合作，开了全球第一家安全刮胡刀公司，这也就是如今大名鼎鼎的吉列公司。

小知识

　　吉列在推销安全刮胡刀时，利用了广告攻势。他请漫画家设计了两幅引人注目的广告漫画，选择几个闹区设立了几个大路牌，将画贴在路牌上，这比直接在路牌上画要省事、省钱。很快广告宣传使公司销路大开，销售量增长之快，出乎一般人意料。到公元 1904 年，这种剃刀架售出了 9 万把，刀片销售出 1240 万片，在全美国掀起了一股热潮。

32 近视患者的福音

能塞入眼睛的隐形眼镜

眼睛是心灵之窗，但很多人的窗户都出现了问题。

现代人上网的时间越来越长，加上不正确的用眼习惯，导致眼睛出现近视的症状，且度数越来越高，不得不戴上眼镜来矫正视力。

可是，有框眼镜有时候很麻烦。比如吃面的时候，眼镜的镜片就被蒸气蒙住了，使近视患者看不清事物；在夏天，人们热得汗流浃背之时，镜框会顺着汗水往下掉，而且由于夹紧了皮肤，还容易导致皮肤发炎。

有没有一种眼镜能摆脱上述的那些困境呢？

当然有，那就是隐形眼镜。

达·芬奇自画像

说起隐形眼镜，要感谢一个谁都想不到的人物，他就是著名画家达·芬奇。

公元 1509 年的一个夏天，达·芬奇在辛勤忙碌了一天后，觉得头晕眼花、视线模糊，正巧他刚买的鱼缸还没有装鱼，只是盛满了水，于是这位老顽童就将头伸进鱼缸中，想让自己清醒清醒。

在水中，达·芬奇感觉到了一股酣畅淋漓的清凉感，他忍不住睁开眼睛，注视着玻璃鱼缸外的一切。

突然，他发现了奇迹：原本看着有点模糊的远处，竟然被他看得一清二楚！

达·芬奇觉得不可思议，他赶紧将头从水中探出来，然后再望向远方。

这一次，他的视力又重新回复到以前的水平。

"难道说，水能增加我的视力？"达·芬奇惊奇地说。

虽然他无法解释这一原理，但他还是把这件事给记录了下来，而令他没有想到的是，他偶然经历的这件事竟让数以万计的后人获得了福音。

在日后的岁月里，英国人赫尔奇根据达·芬奇的发现提出了一个假说：当水蒙在眼球表面时，它就像一副看不见的眼镜，所以近视者的视力就会得到恢复了。他告诉人们，只要能造一种眼镜，贴附于眼球之上，就可以代替有框眼镜了！赫尔奇的思路是正确的，但他找不到制作这种眼镜的材料，而人们听说要把眼镜贴在眼球上，表现得十分恐慌，以为要把玻璃塞到眼睛里，那样的话，眼睛不就瞎了？

赫尔奇经过仔细研究，认为用动物胶做成一种镜片，放在眼球上可以达到矫正视力的效果，于是他兴冲冲地实践起来。

可是动物胶虽然软绵绵的，不会对眼球造成太大伤害，却容易腐败变质，而且更要命的是，动物胶在温度稍高的环境中很容易熔化。

赫尔奇研究了很多年，却失望地发现自己造不出那种无框的眼镜，他只好惆怅地放弃了。

尽管隐形眼镜未能造出来，但它仍令很多人心驰神往，因为它不仅具备眼镜的一般功能，更能让近视的人看起来跟视力正常的人一模一样，这是很多人梦寐以求的。

到了公元 1938 年，德国人发明了塑料 PMMA，这种新型的有机玻璃引起了人们的强烈兴趣，有两位科学家穆勒和奥柏林从中得到了启示，觉得 PMMA 正是制造隐形眼镜的绝佳材料。

于是，两人造出了世界上的第一副隐形眼镜。

然而，这种材料的隐形眼镜很容易破碎，而且透气性很差，常使戴的人觉得眼睛不舒服，更糟糕的是，时间一长，它就容易产生刺激，使人们不停地流眼泪。

公元 1960 年，捷克斯洛伐克的一位科学家沃特发明出了一种遇水可变软的隐形眼镜，这才使隐形眼镜变得舒适了许多。从此，隐形眼镜都具备了在液体中变软的这一特性。

后来，人们又发明了各种类型的隐形眼镜，结果连不近视的人也为了美丽，而戴起有美化效果的隐形眼镜，足见它的受欢迎程度。

小知识

　　隐形眼镜的发明者有据可查，但眼镜的发明者至今仍是个谜。目前比较公认的说法是，眼镜发明于 13 世纪中后叶。有人认为，眼镜的发明者来自意大利的佛罗伦萨；也有人根据意大利旅行家马可·波罗在游记中所记载的"中国老人为了清晰地阅读而戴着眼镜"，而断定眼镜最早出现在中国。

由钟表获得的启发

怎样让电风扇转起来

　　夏天天气炎热，总得有一件电器来驱赶热气，如今人们普遍用上了空调，而在几十年前，空调还没普及的时候，电风扇是人们在炎炎夏日最忠诚的伙伴。电风扇的诞生不过一百多年的时间，它之所以会被发明出来，竟和钟表脱不了关系。

　　这是怎么回事呢？

　　一切还得从公元 1830 年一个叫詹姆斯·拜伦的矿工身上说起。

　　拜伦是一个年轻强壮的美国人，当时他被淘金热的大潮所吸引，毅然离开家门，前往人迹罕至的西部去寻梦。

　　当时淘金的人很多，大家只顾着发财，却忽略了基本的生活质量。

　　就在拜伦初到西部那年的夏天，数百名矿工挤在肮脏的营地里，在他们的住地外，到处都是垃圾，苍蝇在臭水沟里嗡嗡叫，蚊子漫天飞舞，随时准备饱吸一顿新鲜血液。这些还不是矿工们最不能忍受的，最让他们头痛的是自己的房间里又闷又热，简直就像一个蒸笼。

　　拜伦被热得整晚都睡不着，而在第二天，他又将做一整天的工作，长此以往，铁打的身体也会垮掉，让他深深觉得要想想办法。

　　拜伦有一只机械手表，每天晚上他都会给手表上发条，唯恐第二天手表停了而自己睡过了头。

　　一天晚上，他在拧发条时，看着辛苦奔波、一刻都不停歇的指针，心想：我给手表拧好发条，指针就会转动，那么如果我给另一个能扇风的东西也装上发条，这个东西不就能自己运转，同时又能吹出风来了吗？

　　他决定试着做一个这样的东西。

　　可是这个吹风的装置该设计成什么模样呢？

　　这可难不倒拜伦，他从小就喜欢和小伙伴们玩风车，也知道当风车转动时，会产生风，所以他要做的，就是一个扩大版的"风车"。

　　想做发明的念头占据了拜伦的心田，他连金子也不淘了，一门心思扑在他的风扇上。

　　有人劝他："熬过了这个夏天不就好了？你这样浪费时间，赚钱的机会都被别人抢走了,多亏啊!"

可是拜伦置若罔闻,此时在他眼里,风扇自然是比金子还重要,他一定要让全体矿工都能享受到夏夜从未感觉到的沁凉。

不久以后,他把风扇造好了,这个风扇有三个叶片,且叶片按照一定顺序排列,这样风扇便能吹出习习凉风了,这就是世界上的第一台风扇。这种风扇需要挂在人的头顶处,而且每天晚上,为了让风扇正常运转,拜伦还要提前为风扇拧紧发条。

所以这种风扇还是不太方便,有时候拜伦在结束了一天的工作后回到住所,已经彻底被累坏,往床上一趟就呼呼大睡,哪还会记起要给风扇上发条啊! 因此,拜伦发明的风扇并不受其他人的青睐,大家还是宁可忍受高温,也不愿使用风扇。

40多年后,法国人约瑟夫想:既然拧发条是麻烦事,那就让机器自己去转,这样人类的双手不就能解放了?

于是,他造了一个靠涡轮发动的风扇,同时他还增添了齿轮与链条组合的传送装置,使风扇的使用变得方便很多。

又过了好几年,美国人舒乐想出一个更加偷懒的方法:为什么要把风扇和发动机分开呢? 合在一起能够节约空间呢!

舒乐是个行动力特强的人,他也没细想,就将叶片装在了电动机上。

在试用了自己的发明后,舒乐觉得并无不妥,便申请了专利,然后开始生产这种一体式的电风扇。

很快,大家都用了舒乐的电风扇,终于在酷暑中享受到了一丝清凉。

后来,人们又发明摆头式、伸缩式电风扇,大大丰富了电风扇的性能,使其成为举足轻重的家用电器之一。

小知识

电风扇工作时,由于有电流通过电风扇的线圈,导线是有电阻的,所以不可避免地会产生热量向外放热,故温度会升高。但人们为什么会感觉到凉爽呢? 因为人体的体表有大量的汗液,当电风扇工作起来以后,室内的空气会流动起来,所以就能够促进汗液的急速蒸发,结合"蒸发需要吸收大量的热量",故人们会感觉到凉爽。

34 从理发店散发出迷人气息

魅力无穷的香水

香水从被发明的那一日起，就是女士们的最佳伴侣之一，著名的好莱坞女星玛丽莲·梦露甚至说，她每天晚上睡觉的时候，只会穿香奈儿五号入睡。

后来，男人们也爱上了香水，并在正式场合使用它，以展现良好的修养。

所以说，香水是全世界人共同的宠儿！

香水是怎么来的呢？

这要追溯到18世纪初期了。

在当时的德国，有一位来自意大利的姑娘，她叫法丽娜，她的父亲是一位理发师，所以法丽娜也就开了一家理发店。

法丽娜非常热情，对顾客的要求尽量满足，而且长得也很甜美，遂吸引了很多顾客。

此外，她还有一样秘密武器，那就是她父亲调配出来的独门盥洗水。

这种盥洗水取材于匈牙利水，由数种精油，如迷迭香、玫瑰、柠檬、甜橙等混合而成，据说能使七旬老妪焕发青春活力，而且气味芳香，令人心旷神怡。

法丽娜的父亲在匈牙利水中又添加了苦橙花油、香柠檬油等，让盥洗水散发出一种淡淡的柠檬香味。顾客们用这种盥洗水洗完头发后，自己身上的香味会维持一段时间，所以他们经常去法丽娜那里消费。

法丽娜的生意因此越做越大，她一个人实在忙不过来了，就雇用了一些人手帮忙，这下，她的店就更加热闹了。

在一个深秋的黄昏，法丽娜的店里来了一名老顾客，他叫理查德。

理查德是个讲究的年轻人，他对自己的发型和服装总是很挑剔，在理发时也要求很多，但是唯独对法丽娜的盥洗水，却是钟爱有加。

"我敢说，全德国找不到第二家用你们那种盥洗水的理发店！"理查德经常对法丽娜赞叹道。

法丽娜谦虚地摇摇头，不过心里还是很高兴的。

这一回，法丽娜见理查德这么晚了还来理发，知道他明天肯定有什么重要的事情，就热情地招呼他坐下，然后为他服务起来。

理查德一边乖乖地坐着，一边与法丽娜攀谈起来。

忽然，他提出了一个请求："亲爱的法丽娜，你能不能把你的盥洗水卖给我一点？"

法丽娜有点惊讶，她好奇地问："你什么时候想要自己动手整理自己了？"

"不是。"理查德急忙否认，他的声音竟然变得有点羞涩，"明天晚上，我有个重要的约会，所以想用你店里的盥洗水喷洒一下。"

从自己懂事以来，法丽娜还不知盥洗水竟然可以直接喷洒在身上，她更惊讶了，词不达意地又问道："你居然用它来喷在身上？"

"不，不！我从没试过。"理查德摆摆手，解释道，"是因为盥洗水太香了，它让我觉得充满了魅力。可惜你的盥洗水香气持续的时间不够，不然我也不需要来买它了！"

法丽娜这才明白过来，她当即慷慨表示，送一些盥洗水给理查德，这让理查德感激不尽。

当理查德走后，法丽娜思索起了对方的话，她想：为什么不改良一下盥洗水，让它变成一种只用来散发香气的东西呢？或许它会更受大家的欢迎。

于是她开始悉心研究起来。

法丽娜继承了父亲的创造基因，研究起发明来也是得心应手，1 年后，她终于造出了一种和以往完全不一样的"盥洗水"。

她将其装在精致的小瓶子里，然后给客人闻。

几乎每一位闻过"盥洗水"的人都竖起大拇指，说："好香！"法丽娜遂将自己的发明物称为"香水"。

产于公元 1811 年的法丽娜古龙水

这种香水比较淡，它的成分是乙醇、蒸馏水和各种香精，留香时间比较短，颇受男士的欢迎。因此，后来又有了一个名字——古龙水。

其实香水的分类有好几种，女士香水的味道要比男香浓烈一些，后来人们又陆续改造了法丽娜的香水，到如今，商店里的香水已经琳琅满目，让人眼花缭乱。

小知识

　　香水的使用最早可以追溯到公元前 3000 年前后，当时埃及人发明的可菲神香，可谓是世界的香氛之源。它是由祭司和法老专门制造的一种香油。10 世纪的时候，伊布恩·希纳医生用蒸馏法从花中提取芳香油，制造出了蔷薇水，这可算是现代香水的雏形了。在 14 世纪问世的匈牙利水是用乙醇提取芳香物质的最早尝试，为真正意义上香水的发明奠定了基础。

35

幸亏他吸了一口气

吸尘器的发明

生活中处处都有惊喜,不要抱怨生活不给你机会,是你缺少一双发现的眼睛。

公元 1901 年,英国的一位土木工程师 H. 塞西尔·布鲁斯来到了伦敦的莱斯特广场,他此行的目的是去帝国音乐厅观看展览。

当时美国人发明了一种车厢除尘器,还打出了巨幅广告,夸耀其性能有多优越,这激起了布鲁斯强烈的兴趣,他想看看自己在大洋彼岸老本家的本事到底如何。

展览当天,除了布鲁斯这样的业内人士,现场还来了很多人,大家都希望能出现一种既方便又实用的除尘器,他们实在是不堪忍受每日家里繁重的清洁工作了。

美国人造出的除尘器很大,这让很多人在见它第一眼的时候,心里就起了嘀咕:如果在家里放一台这样的机器,操作起来不方便啊!

后来,当工作人员向众人展示如何使用这种除尘器时,大家更是一瞬间都失望透顶。

原来,车厢除尘器的除尘原理很简单,就是靠一个字——吹!

可是展览馆是封闭式的,除尘器能把灰尘吹到哪里去呢?

当然是吹到了观众的脸上和身上啦!

于是,当这台机器发出轰隆声之后,很多人都大叫起来,一边忙不迭地后退,一边挥舞着双手去驱赶灰尘,即便如此,他们仍是被吹得灰头土脸。

"哎呀!什么东西呀!一点都不好!"观众们败兴而归,失望极了。

当所有人都走了之后,布鲁斯还站在原地观察着除尘器,他也觉得这台机器的发明很搞笑,但旋即又觉得,除尘器也不是毫无可取之处,如果能做一些改进,或许结果就会很不一样。

该怎么改呢?

突然,布鲁斯来了灵感,他喃喃自语:"既然吹会惹人不悦,为什么不用吸的呢?把灰尘吸进去,也能达到清洁的效果啊!"

为了证明这个观点,他掏出了口袋里洁白的手帕,然后找到了一把椅子。

椅子的扶手上已经被美国人的除尘器吹得积起了一层灰，布鲁斯小心翼翼地将手帕盖到扶手上，然后用嘴对着手帕，深深地吸了一大口。

空气中飘散的灰尘瞬间被吸到布鲁斯的气管里，呛得他大声咳嗽。

布鲁斯好不容易止住咳嗽、擦掉眼泪后，他赶紧拿起手帕查看。

这时，手帕上沾上了一条黑黑的污渍，而椅子扶手上被盖起来的部分却是干净的，显示出木头的黄色纹路。

"我还真是聪明啊！"布鲁斯乐呵呵地夸了自己一句。

回家后，他就寻思着也做一台除尘器，改用吸灰尘的方式来做清洁工作。

他首先造了一台强力电泵，这样除尘器的动力就能产生了，然后他将一根粗大的橡胶软管与电泵相连，将灰尘吸进软管中。

他还做了一个过滤的布袋，避免把重要的东西也吸到机器里，就这样，第一台英式吸尘器便诞生了！

布鲁斯也为他自创的除尘器打了很多广告，让人们逐渐了解了这种机器的优势。

他还申请了专利，并开设了除尘公司，不过他并不贩卖吸尘器，因为他的吸尘器实在是太大了，不适合在家里使用，所以他想到了一个好办法，那就是为市民提供除尘服务。

第一次世界大战期间，很多英国士兵驻扎在伦敦的一些公共建筑物中，其中包括了公元 1851 年为世博会建立的"水晶宫"。

"水晶宫"的名字很好听，可是它的里面到处都是厚厚的灰尘，都快要变成"灰尘宫"了。

士兵们长期在垃圾遍地的水晶宫里活动，身体很快起了反应，他们得了可怕的斑疹、伤寒，医生怀疑这种疾病是由虱子和跳蚤引起的。

早期的吸尘器

于是军队的长官去请布鲁斯和他的公司除尘。

布鲁斯听说这种情况后,立刻派出了 15 台巨大的吸尘器,浩浩荡荡地开往水晶宫。

他和工作人员足足工作了两个星期,最后从水晶宫里竟然吸走了重达 26 吨的灰尘!

人们对此事惊叹不已,从此水晶宫焕然一新,而士兵们的病也都好转了。

小知识

　　美国俄亥俄州的发明家斯班格拉在公元 1907 年发明了家用吸尘器。当时他在一家商店里做管理员,每天清扫地毯成了他最大的负担。为了减轻自己的工作,他制作了一个用电扇造成真空将灰尘吸入,再吹入布袋的机器,这就是现代家用吸尘器的原型。不过,由于他本人无能力生产销售,他把专利转让给毛皮制造商胡佛。于是胡佛便开始制造一种带轮的"O"形真空吸尘器,销路相当好。

36
生意被抢一怒做研发
能够控制墨水的钢笔

铅笔在诞生之后,足足风行了两百多年,但是它有个缺点,就是字迹太容易被擦干净了。

后来,人们发现鹅毛是中空的,能吸收一点墨水,便触发了灵感。鹅毛经过硬化、脱脂,再削尖根部,就成了一支能用油墨书写的笔了。

因为这项发明,鸟儿们可遭殃了,上至尊贵的天鹅,下至聒噪的乌鸦,它们的羽毛都被一根根拔了下来,成为人们手中的书写工具。

照理说,羽毛笔的诞生是一件好事,但在公元1809年,对一个名叫沃特曼的美国业务员来说,羽毛笔却成为他的梦魇。

沃特曼供职于一家保险公司,是个性格内向的人,不善于言辞,但为了生活,只得硬着头皮工作着。

当时保险业的大环境也不好,不仅顾客少,而且竞争激烈,这让沃特曼的处境更艰难了。

沃特曼仍旧坚持着,他咬紧牙关一家一家地找寻客源,终于,上天似乎向他展露了一丝笑颜,他接到了一笔大单子!

沃特曼欢呼雀跃,心中早已经计算好等合约签完,能拿到多少提成了。前几天妻子抱怨她没有貂皮大衣,也许该给她买一件了,而儿子也缺一个新书包,看来不久之后他也能如愿以偿了。

在达维德的油画《马拉之死》中,马拉倒在浴缸里,握着鹅毛笔的手垂落在浴缸之外

然而现实却总是跟预想的截然相反。

沃特曼迫不及待地与客户商定好签约的时间及地点,当他兴致勃勃地带着合约与客户见面时,却发现还有一位竞争对手也来到了现场。

他认得那对手,对方总是跟他过不去似的,已经抢了他好几笔生意,他顿时黑了脸,很不高兴。

"好在我及时赶到,不然后果不堪设想!"沃特曼心想,他擦了擦额头上的汗水。

客户在看完合约后，表示没有异议，沃特曼按捺住内心的狂喜，拿出一枝羽毛笔，请客户签字。

谁料命运竟然在这一瞬间将它的橄榄枝收了回去。

当客户正欲下笔的时候，饱吸了墨水的羽毛笔竟然漏水了，一大摊黑色的墨水滴落下来，将合约弄脏了。

沃特曼在心中暗呼不妙，偏巧客户是个极其挑剔的人，任凭沃特曼怎么劝，就是不肯在肮脏的纸上签字。

沃特曼没有办法，他只好重新去印一份新合约。

就在他离开的时间里，他的竞争对手看准机会，用三寸不烂之舌对着那名客户进行了极尽的说服工作，结果当沃特曼回到原地时，他发现自己的单子再一次不幸地被抢走了。

"混蛋！竟然乘人之危！"沃特曼憋了一肚子气，大声咒骂着。

一连几周，他都不能从这个打击中走出来，他怨恨那支看似精致的羽毛笔，进而又抱怨发明羽毛笔的人让自己蒙受了那么大的损失。

几个月后，他稍微振作了一点，决定制造一支能够控制墨水量的笔，而且这种笔要能方便携带，避免出现笔坏掉的情况。

从此，他一门心思去寻找制笔之法，认真程度连他的老婆、孩子都要惊叹。

他的老婆平时爱在家里养养花，有一天，儿子看到母亲在浇花，就得意地问道："妈妈，你知道花儿的叶子是怎样吸水的吗？"

沃特曼的老婆惊讶道："花儿的根吸水不就好了？叶子还要吸水啊？"

"那是当然，你看那叶子鼓鼓的，里面有很多水分，怎么可能不需要水呢？"儿子撇着嘴说。

做母亲的来了兴致，就接着问："那你倒是说说，是怎么吸水的啊？"这下儿子开始卖弄起学问来了："因为植物的体内有毛细管，可以输送液体呀！"

正巧，沃特曼听到了母子俩的谈话，他的心中顿时豁然开朗：如果在笔中也造一根"毛细管"，墨水不就能被吸走并储存起来了吗？

他又用了三年时间，终于在公元 1884 年发明了钢笔。

没过多久，钢笔就成为全人类的书写工具，而沃特曼再也不用做保险了，因为他现在的收入水平已经达到巨额的程度了。

这时候，沃特曼才明白过来，原来那一天，老天不是在打击他，而是在给他创造机会，幸运的是，他把握住了这个机会。

37

能够发出巨大响声的"小怪物"

耳机的诞生

在 20 世纪 20 年代,世界上已经有了扬声器这种东西,当人们在电影院观看电影时,扬声器能够扩大音量,好让每个人都能听见声音。

有些人对扬声器的喜爱并不满足于此,他们喜欢大音量,喜欢让自己完全沉浸在音乐的世界中,于是,一种装满了扬声器、能让整间屋子发出巨大响声的音响室便诞生了。

德国有一位科学家叫尤根·拜尔,他也爱待在音响室里,而且他还建造了一间属于自己的音响室,因为他经营着一家电子公司,所以那些技术上的事情对他来说不成问题。

那个时候,还没有隔音技术这一说,尽管拜尔的家是一栋独立的小洋房,却阻止不了音响室内声音的外泄。

不知道大家有没有注意到,当你处于一间充斥着巨大声响的屋子时,你听到的是轰鸣的音乐声,而当你来到屋外时,你却只能听到轰鸣声。

一开始,拜尔还不知道这种情况,有时候晚上也在音响室里听得不亦乐乎,全然不知道邻居们已经对他有了很大意见。

一天早上,拜尔的一个邻居,年迈的索菲女士过来拜访拜尔。

"啊,索菲,你起得真早啊!"拜尔揉着惺忪的睡眼,昨晚他听音乐听得太晚了。

岂料索菲一听到这番话,竟然咆哮起来:"我不是起得早,而是根本没睡着!你把声音开得太大了!"

拜尔目瞪口呆,他赶紧向对方赔礼道歉,并保证下次会把音乐声调小一点。

也不知道索菲女士是否具有神经衰弱的毛病,几天后,当拜尔进入音响室后不久,她又来敲拜尔的门。

拜尔以为是晚上太安静,导致一点点声音都会变得很清晰,于是他尽量改在白天听音乐。

可是索菲女士似乎跟他较上了劲,大白天也"咚咚咚"叩他的门,并狂喊拜尔的名字,很快,街坊们都知道拜尔与索菲的矛盾了。

拜尔有点生气,他顶撞了索菲,后来,他在无意间听到人们对他的批评,这才明白,原来对他有意见的不只索菲一个,但别人都不好意思说。

这样下去可不行啊!得想个两全其美的法子!拜尔愧疚地想。

有一天,他终于找到一个办法,那就是造一种东西,只能让自己听到声音,但别人是听不到的。

为此,他召集了公司里的技术专员,与大家一起讨论声音的转换方法。

一晃十年过去了,拜尔终于发明了可以戴在耳朵上的小型扬声器,他将两个扬声器分别与一根弧形箍架连接,这样左右耳朵盖住了扬声器,声音就不会泄露出去了。

在一个风和日丽的下午,拜尔邀请他的朋友来家里听歌剧。

于是,他的朋友兴冲冲地进了拜尔的音响室,却惊讶地发现,唱片机虽然开着,却没有声音出来。

"拜尔这家伙在搞什么鬼?"朋友嘟囔着,发现了躺在桌上的一个拥有金属外壳的弧形"小怪物"。

朋友将小怪物拿在手上,似乎听到了什么嘶嘶声,便好奇地把这个东西套在头上。

一瞬间,嘹亮的歌声骤然响起,从朋友的左耳流到了右耳,吓得他后退了好几步。此时,躲在门后的拜尔哈哈大笑起来,原来一切都是他安排的,目的就是试探一下人们对"小怪物"的反应。

不用说,拜尔的发明肯定是成功的,后来人们把"小怪物"称为"耳机",并在不便打扰到别人的时候戴上它,于是再也没发生过曾经困扰了拜尔多时的事件。

小知识

耳机通常分为头戴式、耳挂式与入耳式三种类型,其中对耳朵损伤最小的是头戴式。为了避免耳机给人体带来的伤害,佩戴时应注意:不要将耳机音量开得过大,最好保持在40~60分贝(一般谈话声或略小),以感觉舒适悦耳为宜;每天使用耳机不要超过4小时,并以间歇收听为宜,最好每半小时就让耳朵休息一会儿。

38

县官公正断案的工具

来自中国的太阳眼镜

现今时尚男女必定会人手一副太阳眼镜，而太阳眼镜早就超越了防晒的功能，也不限在夏天佩戴，人们可以在一年四季，甚至是晚上戴着它出现，目的则是一个字——酷！

太阳眼镜这个扮酷的物品，在很多人的印象中，大概是从国外引进的吧？

非也！

事实总让人吃惊，太阳眼镜居然是中国人发明的！

请不要怀疑这个事实，因为它是真实存在的。

不过，中国古人发明太阳镜可不是为了装酷，而是另有所图。

北宋末年，官场腐败、恶霸横行，百姓们的生活是难上加难。

当时只有很少一部分官吏能做到公正廉洁，有一个地方上的县官便是其中之一，由于他是信佛之人，所以特别注重自身的品德，处事公正，获得了百姓的盛赞。

有一天，衙门外忽然有人喊冤，县官急忙更衣升堂，审理案子。

谁知县衙的门刚一打开，立刻有数百人涌入衙门里，他们跪倒在地，号啕大哭，求官老爷给自己做主。

县官被沸腾的人声吵得头昏脑涨，赶紧一拍惊堂木："公堂之上吵吵闹闹，成何体统！要是再吵闹，本官就将你们全部轰出去！"

众人被县官这么一吓，这才安静下来，派出代表把事情经过说了一遍。

原来，眼前的这些人都是当地两大财主——贾老爷和万老爷的眷属和仆人，贾家说万家的女仆杀了贾老爷的儿子，而万家却说死者是自己突发疾病身亡，双方都莫衷一是，说着说着又开始吵起来。

"肃静！"县官再度猛地一拍惊堂木，说道，"此事关系甚大，待取证后再议！"

于是，一桩人命官司就算是立了案，成为街头巷尾的话题。

县官派仵作对尸体进行采证，而这时候贾家和万家也行动起来，他们纷纷派人去县衙"问候"官老爷，并准备了极其丰厚的钱财，说是要请县官主持公道。县官很生气，当场把送礼的人骂了一顿，并扬言谁要再给他送礼，他就不再受理此案。

可是两位财主也非等闲之辈，在他们眼中，钱是解决一切问题的工具，于是他

83

们越发勤快地准备财物,希望能打动官老爷的心。

几日之后,县官开审命案。

万家请来了几位证人,举证女仆手无缚鸡之力,没有能力杀人,听得县官频频点头。

在一旁的贾家一见这种情况,急得汗流浃背。

当县官退堂后,贾老爷赶紧让人给县官送去百两黄金,并说了很多好话。

县官大怒:"你们若自身清白,就不怕被污蔑,现在这种做法,只能证明你们做贼心虚!"

下一次开堂的时候,贾府请来了镇上著名的医师,证明贾家公子身体健康,不会莫名其妙地死亡。

听了供词,县官的脸上流露出赞许之色。

这下万家也着急了,连忙送金银贿赂县官。

案件几番审下来,县令终于明白贾家和万家为什么要争先恐后地给自己送礼了,原来两家一直都在观察自己的神色,一旦觉得情势对自身不利,就会送个不停。县令对贿赂之事深恶痛绝,为了避免麻烦,他派人给自己磨了两块玻璃,然后用墨水将玻璃染黑,并用金属框将黑玻璃镶起来,做成可以扣在耳朵上的样子。

下一次开堂时,所有人都被县令脸上的黑玻璃给震惊了,这次官司双方都没有来送礼,因为他们实在看不清县令的表情。

后来,这种为了判案而发明的太阳镜就流行开来,而它的玻璃再也无需用墨水染黑了,因为它镶嵌的是有色玻璃,不会有掉色的烦恼。

小知识

12 世纪刘祁所著的《归潜志》记载,太阳眼镜是用烟晶制造的,一般只有衙门的官大人们才能戴,不是为了遮挡刺眼的阳光,而是在听取供词时,不让别人看他的反应。

39

如何让曹操睡一个好觉

枕头的发明

现在生活节奏变得很快,人们压力很大,只有到了晚上睡觉的时候才可以让身心放松一下,所以睡眠对人们而言很重要。

枕头是维持良好睡眠的关键因素之一,倘若没有它,第二天人们起床时,必定会腰酸背痛,影响一整天的工作。

枕头是中国人发明的,距今已有近两千年的历史了,也就是说在两千年以前,古人是没有枕头的,所以他们的睡眠质量往往很糟糕。

曹操画像

在三国时期,魏、蜀、吴三个诸侯国经常相互之间打来打去,其中以魏国曹操的野心最大,他一心想统一中原,于是南征北战,一直在战场上浴血奋战。

事业心极强的曹操在白天非常疲惫,到了晚上又总是睡不好觉,所以他的精神一直高度紧张,长此以往,他得了很严重的头疾。

有一天夜里,曹操因为失眠,半夜三更睡不着,只好又点起油灯看书。

服侍曹操的小书童见丞相起身,连忙为他添置大衣,因为此时已是深秋,晚上的寒气很冷。

看了半个时辰后,曹操才终于有了睡意,他连打了好几个哈欠,眼皮渐渐沉重起来。

小书童见曹操倦意深重,就好心提醒道:"丞相,你还是去睡吧!"曹操被书童的话猛地一惊,但随后,瞌睡虫再度来袭,他的精神又开始恍惚了。

小书童引导着步履蹒跚的曹操来到床边,曹操一歪身坐在床上,顺势就要往下躺。

这时床上横亘着几木匣兵书,书童连忙把木匣堆在床头,想等曹操睡着后再将兵书收拾到其他地方。

谁知曹操躺下的时候,头正巧搁在了木匣上,他也没觉得有什么不妥,就呼呼睡过去了。

85

小书童不方便再去打扰曹操,就看着曹操的睡姿偷偷地乐。

第二天,曹操醒来后,发觉自己的精神比平常要好了一点,这时书童过来询问:"丞相,昨晚睡得好吗?"

曹操点点头,满意地说:"甚好,比平时还要好。"

小书童一听,心中起了疑问,他原本以为曹操这一觉会非常糟糕,没想到居然比平时都要好,难不成这是木匣的功劳?

联想到平日里曹操的辛苦,小书童决定为曹操做点事情,来改善一下主人的睡眠质量。

他照着书匣的高度做了几个中间略凹两头略翘的长方体物品,然后摆放在曹操的床上。

晚上曹操睡觉的时候,发现床上多了一个奇怪的东西,就问书童:"这是什么呀?"

小书童俏皮地一笑,说:"丞相,你睡觉的时候可以枕着它入睡,保证让你睡得香!"

曹操听了这话,有点惊奇,他尝试着睡了一晚,发现小书童说的果然没错,他确实比过去要睡得好。

曹操一高兴,就给这种东西取名为"枕头",从此枕头就逐渐出现在人们的床上,受到所有人的喜爱。

小知识

对正常人而言,枕头的高度究竟多高才合适呢? 一般认为,习惯仰卧的人枕高一拳,习惯侧睡的人枕高一拳半较为合适。

40

华盛顿定会恨自己生错时代

假牙的发展史

人的牙齿是非常娇贵的,如果保护不当,就会发炎、生龋齿、有蛀虫,而最坏的情况便是牙齿不能用了,自行掉落或被医生拔掉。

由于成年人不再会长出新的牙齿,所以一旦牙齿没了,牙床上就会出现一个凹槽,那是原来有牙的地方,吃东西时很不方便。

于是假牙应运而生。

在 18 世纪以前,获得假牙有两种途径,一是将骨头或其他有机物雕琢成牙齿的模样,二是把穷人嘴里好的牙齿拔下来,送到富人的嘴里去。

美国第一任总统华盛顿虽然是名人,外表看起来光鲜,但实际上他也有自己的苦恼,那就是他的假牙。

由于牙齿蛀了好几颗,华盛顿不得不去牙医那里求助。

牙医见总统大驾光临,赶紧热情招待。

华盛顿让医生检查了牙齿,得知自己的蛀牙必须得拔掉,不由担心地说:"我的牙齿没了,演说的时候容易丢脸呢!"

牙医却笑着说:"没有关系,我们这里有很多假牙,你挑选一种材料来代替你的真牙就行。"

华盛顿非常惊奇,仔细查看医生提供给他的几种假牙。

他发现象牙假牙质地坚硬,而且颜色与真牙差不多,于是高兴地说:"我就要这几颗假牙!"

牙医满足了华盛顿的要求。

战场上的华盛顿

装上假牙后,华盛顿的牙齿再也不痛了,这让他变得更加自信,在演讲的时候更有热情,可以说是为他赚足了面子。

本来华盛顿对自己的假牙是很满意的,但过了一段时间后,他却开始叹气了。

因为人的嘴里会分泌唾沫,而唾沫会慢慢腐蚀假牙,时间一长,戴着假牙的口腔就会弥漫起一股腐烂的味道,让其他人退避三舍。

华盛顿日理万机，每天有数不完的信件，见不完的贵客，所以他不想让自己的嘴巴变得臭不可闻，那样会严重影响到美国的形象。

为此，他询问了很多牙医有没有解决的方法，可是得到的回答始终是"没有"，华盛顿只好自己想办法。

他觉得葡萄酒能消除假牙难闻的气味，于是每天晚上睡觉前将假牙取出来浸泡在酒里，希望第二天不再有异味从假牙上散发出来。

可惜他的愿望落空了，一直到他逝世，气味难闻的假牙都伴随着他。

虽然华盛顿在世时没能实现这个心愿，但后人一直在兢兢业业地努力着，让假牙的质量越来越好。

在法国大革命爆发之初，全套烤瓷牙的技术诞生了，那是巴黎一个牙科医生发明的，后来人们又发明了单颗烤瓷牙，从此龋齿的修复再也不是梦。

早在 18 世纪初，巴黎的一位牙医发明了用弹簧来固定假牙的技术，100 年后，美国的牙医则发现，如果假牙的牙托能与口腔完全吻合，则假牙无需弹簧，就能牢牢固定在牙床上。

这一发明足以让华盛顿羡慕至极，因为他生前一直用弹簧来固定假牙，而弹簧有个很大的缺点，就是容易坏掉，一旦弹簧出现问题，假牙就掉了，所以他有时候会陷入"满地找牙"的窘境。

到了 19 世纪，美国人开始用橡胶造假牙了，这种假牙很便宜，但就是比不上华盛顿的象牙假牙。

20 世纪，出现了塑料假牙，虽然塑料仍旧很便宜，但这回华盛顿应该笑不出来了，因为塑料的异味大大减少。

如今，人们普遍采用的是丙烯酸树脂等塑料材料的假牙，这种假牙没有味道，且仿真度极高，非常安全，代表了牙科技术的飞速发展，相信长眠在地下的华盛顿若得知此事，一定会羡慕不以！

小知识

世界各国都在进行更适合人体的假牙材料的研究，钛及钛合金被认为是迄今为止最理想的人体植入物金属材料。专家还预言，将来可以修复几乎所有的牙列缺损和牙列缺失，使咀嚼功能恢复正常，以致假牙和真牙难以分辨。

41

组合创意的典范

发光的棒棒糖和电动牙刷

汤姆·科尔曼和比尔·施洛特-加龙省是美国弗吉尼亚州的邮差。

公元 1987 年夏天的某个傍晚时分,他们在回公司的途中看到一个孩子在玩荧光棒,闪烁的绿色亮光十分好看。两人流连驻足片刻,忽然有了奇思妙想:"如果把棒棒糖放到荧光棒的顶端,让光线穿过半透明的糖块,该是一种多么奇幻的效果。"他们试了试,效果果然非常奇妙,夜间则更加明显。就这样,发光棒棒糖诞生了。

这是一项发明专利,他们把这项专利卖给美国开普糖果公司。

如果你认为两个邮差就此满足,那就大错特错了,实际上这是一系列奇迹的开始。之后,棒棒糖在他们那里不断推陈出新:棒棒糖舔起来费劲,起码对小孩子来说,时间久了,糖还没吃完,两腮一定很酸,何不装一个自动旋转的插架?于是,旋转棒棒糖又诞生了。

此后 6 年时间,这种棒棒糖销量高达六千万个,两人大赚一笔。

事情到此并没结束,不久,开普糖果公司被其他公司收购,原公司领导人约翰·奥舍离开开普后,开始一项新事业:寻找利用旋转马达能解决的新问题。在新的团队里,他们为了找到灵感,来到沃尔玛超市,在商品货架间搜寻。这时,他们看到电动牙刷有很多牌子,可是价格都很贵,销量较低。于是想为何不利用旋转棒棒糖的技术,花 5 美元制造一支电动牙刷呢?

随后,旋转牙刷诞生了,并很快成为美国最畅销的牙刷之一。仅公元 2000 年1 年就卖出了一千万支。

旋转牙刷的成功让宝洁公司的老板坐不住了,他们的牙刷卖得太贵,没有竞争力。无奈之下,宝洁派出一名高级经理与约翰·奥舍谈判,结果双方达成了如下协议:宝洁收购奥舍的公司,首付一亿六千五百万美元,以奥舍为首的 3 位创始人在未来 3 年留在宝洁公司。不过,宝洁并没有完全履约,而是提前 21 个月结束了和奥舍 3 人的合约,因为旋转牙刷太好卖了,远远超出了他们的预期。最后,奥舍和他的搭档一次性拿到了三亿一千万美元,加上首付款一亿六千五百万美元,共计四亿七千五百万美元,这真是一个令人瞠目结舌的天文数字。

42

惨淡经营终获成功

方便面的玄机

方便面是当今社会最常见的快餐食品，虽然它没有营养，但是能快速填饱人们的肚子，所以仍然拥有相当多的拥趸。

方便面的诞生时间并不久，而且它跟中国人有着不解之缘，因为它是由台湾人发明的。

发明者原名叫吴百福，在 20 世纪上半叶是一名贩卖针织品的小老板，后来在战争年代他来到了日本，并加入了日本籍，改名为安藤百福。

方便面的发明者安藤百福

战争结束后，日本经历了一段最艰苦的时期，由于物资匮乏，人们很难吃到饭，很多人被饿死了，满目疮痍。

安藤百福见此情景，心有戚戚，他觉得如果连最基本的吃饭问题都解决不了，又谈何精神追求、世界和平呢？于是，他决定在食品行业中创造一片天地。

几年后，他创立公司，并发明一种营养粉，那就是将牛骨汤、鸡骨汤的浓汁用高温、高压的方式制成粉末，将最精华的营养成分贮存下来。

这一食品受到了日本民众的热烈欢迎，而安藤百福这时并没有想到，他的发明竟是在为日后的方便面做准备。

一开始，安藤百福赚了很多钱，可是到了 50 年代，他经历了一场极大的变故，结果把赚来的钱赔了个精光，让他一度非常消沉，甚至觉得人生失去了方向。

在一个寒冷的冬日，安藤百福失落地走在大街上，当他经过一个拉面摊的时候，发现很多人在排队等着拉面起锅。

整个拉面摊只有老板一个人在紧张地忙碌着，所以队伍移动得很慢，而后方又不断有新的顾客排进来，导致等拉面的队伍一直没有缩短的趋势。

安藤百福看着人们那一张张焦急而又不耐烦的脸，心想：如果能生产出一种方便面就好了，只要用开水泡一下，稍等片刻就能吃，那么大家就不用再排队了！

凭着商人敏锐的嗅觉，他觉得自己的这个想法一定能获得成功，便重新燃起了斗志，买了制面机、炒锅、面粉、食用油等材料，一门心思地钻研起制面的方法来。

由于不是行家，安藤百福在最开始的时候总是把握不住要领。

他做出来的面要么没有韧性，要么黏成一团扯不开，他只好把失败的试验品全部丢掉，继续进行新一轮的研究。

安藤百福的老婆见丈夫痴迷于烹饪之道，也来帮忙，可惜她也不知该怎样让软趴趴的面条变得坚硬起来。

妻子见安藤百福实在辛苦，就特地为他改善伙食，做了一桌香喷喷的菜给他吃。

这些菜大多经过油炸，所以表面很酥脆。

当安藤百福咬下一口炸里脊时，他幡然醒悟：把面炸一下，让面硬的效果不就有了吗？

他笑起来，觉得这顿饭是自己几个月来吃得最香的一次，因此心情大好，将饭菜吃了个精光。

在理清思路后，他将面与水调和，然后放入油锅中炸，由于水分在高温环境下容易挥发，所以面条在炸完后表面会留下无数个洞眼，同时变得又脆又硬。

不过，当这种面泡入水中时，就宛若海绵一样，会迅速吸水，变得软趴趴的，但又韧性十足，这一次，安藤百福终于得到了他想要的结果。

不过光有面还远远不够，必须让这种面好吃才行。

安藤百福很快有了主意，他将自己过去发明的营养粉撒入油炸面的汤汁中，然后轻轻地搅拌几下，顿时，浓郁的香气扑鼻而来，由不得人不流口水。

在将面发明出来以后，安藤百福申请了专利，并重新开了一家公司，实现了东山再起。至于他的面，由于很方便又快速，后来就被人们称为了"方便面"。

43

爱卖弄却反遭不幸的乐器商

溜冰鞋的诞生

在寒冷的冬天,气温过低的时候,河水会凝结成冰,于是地面上便有了一条银色的"路"。

很多人都对结冰的河流很好奇,想在上面滑行,后来有一个苏格兰人突发奇想:人们能在冰河上滑动,是因为脚下非常光滑,如果我造一个同样光滑的地面,那岂不是一年四季都可以玩"滑冰"了?

他就把两根摩挲得十分光滑的长木条钉在鞋子上,然后试着在铺了平整木地板的地面上走动,发觉果然能快速地移动一段距离。

于是他非常高兴,将这个好消息告诉了自己的朋友。

碰巧他的朋友们也特别喜欢他发明的这种新奇事物,大家遂一拍即合,在爱丁堡成立了一个溜冰俱乐部。

这是公元1700年的事了,此后,溜冰便成为乡绅们的时尚运动之一,虽然人们滑不了多远的距离,可是仍旧乐此不疲。

公元1760年,有个名叫约瑟夫·默林的伦敦乐器制造商也迷上了这项运动。

不过默林的动机并不单纯,他并非真的喜欢滑冰,而是想借机混入上流社会,与名流绅士打成一片。

在加入溜冰俱乐部一段时间后,默林觉得溜冰并不好玩,因为大家在穿上所谓的溜冰鞋后,并不能行进多远。

而且默林觉得绅士们溜冰时的神情很滑稽,就仿佛他们能从伦敦一下子飞到世界尽头一样,显得特别夸张。

这时,默林有了想法,他觉得如果自己能够造一种真正向前滑的鞋子,不就能吸引大家注意了?到时候,那些绅士们肯定会抢着与他攀谈,哪还会瞧不起他这个小小的商人啊!

"哈哈,这真是个好点子啊!"默林拍着手笑道,他的脑中立刻浮想联翩,幻想着自己跻身名流的情景。

接着,默林就开始思考怎么做这种鞋子了。

　　他每天坐在自己的乐器店里，只要不忙，就望着街上的人群，默默地想着改进溜冰鞋的事情。

　　他想得如此入神，以致经常有顾客进店了他也没有察觉。

　　一次偶然的机会，默林被街道上快速行驶的马车所吸引，他注意到马车之所以拥有很快的速度，全是因为那两个转动的轮子，如果他把轮子安到鞋子上，那鞋子说不定也能跑得很快呢！

　　默林制造过不少乐器，虽然他从未造过轮子，但他觉得这对自己一个从事制造业十年的人来说，应该不成问题。

　　于是，他每日精心雕刻，终于做好了几个小小的木轮，他将这些木轮排成一排，装在长靴子的底部，然后满心欢喜地穿上，往地上一站。

　　谁知，轮子由于承受不住默林身体的重量，碎成了两截。

　　"哎呀，几个月的心血白费了！"默林大呼可惜。

　　没有办法，他只好继续造轮子。

　　这一回，他做出来的轮子大了一些，而且比先前的要厚实很多，所以轮子没有破裂，而是稳稳地支撑起了他的整个身体。

　　默林抓着栏杆，在房间里试了试他新造好的溜冰鞋，发现速度果然非同凡响。

　　他太高兴了，以致没有好好练习，就兴奋地将鞋子脱下来，盘算着要在第二天演示给俱乐部里的所有人看。

　　翌日，他拿着溜冰鞋和小提琴去跟俱乐部里的绅士们打招呼，但是得到的响应只是一个个冰冷而礼貌的笑容，这让他的心情跟往常一样又沮丧起来。

　　他愤愤地想：一会儿让你们见识见识，什么叫作奇迹！

　　他穿上溜冰鞋，拉起了小提琴。

　　当琴声响起时，所有人都惊讶地看着默林。

　　只见他从房间的一头快速滑向了另一头，而他一手拿琴，一手拉琴弓，看起来十分潇洒。

　　"好！"在最初的震惊过后，人们纷纷鼓起了掌。

　　默林见得到了大家的认可，心中越发得意，忘了要保持平衡，结果他大叫着冲向一面巨大的穿衣镜，其他人试图拉住他，可是他速度太快了，根本停不下来。

　　"哐！"默林狠狠地撞在了镜子上，将镜子撞了个稀巴烂，而他也被严重割伤，鲜血流得到处都是。

　　这下默林倒了大霉，不仅他需要卧床休养很长一段时间，而且这面镜子价值五百英镑巨款，是他怎么努力都赔不起的。

　　此后,负了债的默林越过越惨,最后沦为了乞丐,并成为当地人的一个笑柄。但有谁会知道,其实他是溜冰鞋的鼻祖,是发明单排溜冰鞋的第一人啊!

小知识

　　公元 1819 年,曼西尔·彼提博又发明了一种溜冰鞋,以木块做鞋底,下装轮子,轮子排成一线。但由于每个轮子大小不同,这种鞋只能向前溜。到了公元 1863 年,美国人詹姆士终于发明了一双轮子并排的四轮溜冰鞋,可以做转弯、前进和向后的各种动作,这就是现在流传最为广泛的直排轮溜冰鞋。

44

为了满足烈士的最后心愿

防水的打火机

很多男人抽烟,在点烟之前,他们需要能点火的东西,于是打火机便应运而生。有人会问:"火柴不也照样可以点火吗?"

的确,在打火机出现以前,火柴是制造火焰的必需品,可是它有个很大的缺陷,就是怕风吹雨淋,所以在户外活动时,遇上不好的天气,火柴就很令人头疼。

在第一次世界大战期间,英国很多青年响应国家号召,浩浩荡荡地上了前线,而另一些人则致力于为战士们服务。在这些人中,有一位来自伦敦的青年,他叫阿尔弗雷德·丹希尔。

丹希尔是杂技团的演员,他明白在残酷的战场上,战士们所面临的压力是巨大的,因此每当他随剧团到前线演出时,不仅做好分内的工作,还经常为受伤的士兵包扎伤口,希望能帮助他们减轻痛苦。

有一次,丹希尔随团来到一处战地,当他们到来的时候,战场上的浓浓硝烟依旧没有散去,而战壕里还不时传出一两声呻吟,看起来刚才似乎发生了一场异常激烈的战斗。

剧团里的演员们无心表演,大家在团长的指挥下参与了伤员的救助工作。

这时,丹希尔在前方听到一阵剧烈的喘息声,他心头一紧,赶紧一路小跑着向前。

最终映入他眼帘的,是一幕惨烈的画面:一个双腿被炸断的战士躺在血泊之中,他的脸颊苍白得像一张白纸,眼睛半开半闭,要不是他嘴里发出了混乱的声音,丹希尔差点以为他已经离开了人世。

"嗨,兄弟,振作一点,我这就来救你了!"丹希尔急忙跑到战士的身边,鼓励道。

战士这才缓缓睁开了眼睛,他无力地看了一眼丹希尔,叹息道:"别费力了,身体怎么样我知道……快……不行了!"

这时,巨大的悲伤袭上丹希尔的心头,他的眼眶湿润了,不知该如何是好。

"兄弟,我……我……有一个最后……的请求。"战士翕动着破裂的嘴唇,一个字一个字地说。

丹希尔马上哽咽地问:"什么请求?"

战士努力地说:"我想抽两口……再去天堂……"

丹希尔听到这句话,赶紧从口袋里掏出香烟盒与火柴。

谢天谢地!还有一根烟!

他将烟送进士兵的嘴里,然后哆嗦着双手去划火柴。

不巧的是,因为天上正下着毛毛细雨,火柴已被淋湿了,怎么也点不着。

丹希尔很着急,他不得不去向别人借火柴,当他跑了好几条战壕,终于借到干燥的火柴时,却遗憾地发现那名战士已经断气了,而对方的嘴边还躺着那根没来得及点燃的香烟。

丹希尔悲伤地大哭起来,他觉得自己很没用,连这么一个小小的心愿都无法让战士得到满足。

其实在血腥的战场,这些未完成的心愿又何止成百上千!

丹希尔知道自己不能再让此类事情发生,要为之做点什么。

他找到了一位化学家,向对方讨教快速打火的办法。

经过一段时间的学习,他选用了易燃的甲烷,同时又准备了微型的打火石,通过摩擦打火石产生火花,从而引燃甲烷。

最后,他将甲烷与打火石装在一个铁壳子里,组成了一个"金属火柴"。

在一个深夜,丹希尔用颤抖的右手点燃了这种"金属火柴",也就是后来的打火机,默默地在心里感叹:终于可以告慰那名死去战士的在天之灵了!

小知识

公元 1924 年打火机开始大量生产。打火机的发展历史中,使用过的引火材料包括苯、煤油和现在应用最普遍的丁烷。点火方式方面,在第二次世界大战后日本人用压电陶瓷电子生火替代了人造打火石,使其成为现在打火机最普遍的点火方式。

45 云雾缭绕的"仙境"

产于美洲的香烟

说到香烟,恐怕无人不知,无人不晓,它是全球消耗量最大的物品之一,若少了它,绝对会有很多人提出抗议。

香烟历史悠久,距今已有 3500 年了,所以它绝非工业时代的新生事物,而是由聪明的美洲居民率先发明的。

不过香烟之所以会从美洲走向世界,得多亏一个人的帮忙,他就是名扬四海的哥伦布。

当年,哥伦布被西班牙国王预封为新大陆的总督,并得到承诺——可拥有被发现地区财富的十分之一。在巨大的物质利益刺激下,哥伦布精力十足,他的脑子里只有一个愿望,那就是寻找新世界,直到找到为止!

公元 1492 年的 10 月,哥伦布的船队来到了西印度洋群岛,船员们赫然发现在东部的一个海岛上,弥漫着大团大团的烟雾,仿佛人间仙境一般。

"难道说我们到达了天堂?"一些船员望着那个岛屿,惊奇地说。

哥伦布拿着望远镜在甲板上观察了好久,却看不清那浓烟背后的环境。

哥伦布和他的儿子迭戈在修道院的门口

他放下望远镜,看了看地图,心中盘算了一下,觉得已经快接近印度了,也就是说,他心心念念想要的黄金近在眼前了!

于是,哥伦布将手一挥,命令全体船员上岛!

当这些欧洲人将船靠岸后,立刻向内陆进发。

在浓密的森林里,他们之中的很多人都嗅到从空气中飘来的一股辣味。

哥伦布也闻到了这种奇怪的气息,他要求大家提高警惕,以防万一。

后来,大家终于来到了一处空地上,发现原来此处是印第安人的聚集地。

印第安酋长见有一群长相奇特的人前来,顿时非常惊奇,好客的他对着哥伦布说了一大堆话,直让对方丈二和尚摸不着头脑。

酋长说罢,递给哥伦布一根中空的木头,然后又叽里咕噜地说起来。

哥伦布目瞪口呆,他不明白对方想表达什么意思。

这时,周围一下子来了几十个印第安人,他们一屁股坐在泥地上,手上也都拿着那种中空的木头。

哥伦布仔细地观察这些异族人的举动。

只见印第安人无论男女老少,脖子上都系着一块黑色的"面包",他们用手在"面包"上摘下一点碎屑,然后塞在中空木头的一端,再用火点燃,于是,一大股白色的烟雾就从他们的嘴里喷出来了。

哥伦布和他的船员看呆了,这才明白在海上所见的"仙雾"是这样被制造出来的。

这时,酋长不断对哥伦布说话,还拿起了燃烧的木棍。

哥伦布猜想对方是要自己也吸一口这种"面包",就配合地将手中的工具递给酋长。

酋长将中空木棒点燃,然后交给哥伦布,哥伦布也没有多想,猛地吸了一大口。

"咳、咳、咳!"浓烈的烟雾瞬间冲向了他的喉咙,熏得他咳嗽不止。

酋长见哥伦布这么狼狈的样子,却哈哈大笑,拍着对方的肩膀,又说了一句,哥伦布虽然不解其意,但猜到对方对自己很赞许。

接下来的日子里,哥伦布在岛上住了一段时间,没有找到黄金,却发现当地人将那种黑色的"土制面包"看得比黄金还贵重,不由得暗忖:莫非这真的是一件稀罕物?

后来,他启程继续寻找黄金,热情的酋长送了一些"土制面包"给哥伦布。

哥伦布大为惊喜,将"面包"带到了欧洲,当时他并不知道这种东西即将风靡全球。

十几年后,又有西班牙探险家在美洲发现了哥伦布带回来的"面包",他们也学当地人的模样开始吸烟,但与哥伦布不同的是,他们对烟草上了瘾,结果当他们回国后,烟草的神奇魔力就得到了宣传,卷烟的时代便开始了。

46
让人清醒的神奇饮品
被羊啃出来的咖啡

最早的咖啡来自非洲,后来才成为人们钟爱的饮品。

众所周知,咖啡是由咖啡豆制成的,而咖啡豆长在树上,可是这种黑色的豆子是如何被发现可以做成咖啡的呢?

这还得从咖啡的原产地——非洲之角说起。

当地有一种咖啡树,树上当然是结满了咖啡豆,不过人们并不知咖啡豆的功能,他们觉得这种黑色的果实长得很难看,所以肯定有毒。

有一个叫图卡的人是个牧民,他家里很穷,唯一的财富便是十只羊,因此他对自己的羊呵护备至,唯恐它们受到一点点意外。

有一天,图卡像往常一样将羊赶到长有一些野草的戈壁上,这时他发现附近有一些咖啡树,连忙小心翼翼地驱使着羊群,防止羊食用咖啡树上的果实。

到了下午,村子里的一个妇女忽然气喘吁吁地跑到了图卡的面前。

"你老婆要生了,快!"这个名叫阿曼的妇人大口大口地喘着粗气。

图卡一听,顿时激动万分,但他还有羊在身边啊!

他立刻心急火燎地将羊群往回赶,在慌乱间他竟然忘了数羊,于是,当他走远了之后,剩下的一只羊就被落在了戈壁上,"咩咩"地叫个不停。

图卡的老婆生了个儿子,图卡很激动,抱着孩子看个不停,后来妻子提醒他应该将这份喜悦与全族人一起分享,他这才稍微清醒了一点。

在图卡的村子里有一个习俗:如果有一户人家有了喜事,就得屠牛宰羊地招待其他村民,而被宴请的人也不会客气,会将美食吃干净后再离开。

图卡觉得即便自己再穷,也要庆祝一下,便决定杀一只羊来慰劳村民,于是去羊棚里选羊。

结果他数来数去,发现只有九只羊,不由地惊出一身冷汗:难道丢了一只羊?

他连忙深吸一口气,稳了稳心绪,仔细回想起下午赶羊时的情景。

最后,他猜测那只走失的羊被遗忘在戈壁上了。

由于害怕羊儿被猛兽吃掉,他不顾已经黑下来的天,就一溜烟地又往戈壁上奔去了。

他的运气很好,当他来到下午放羊的地点时,听到附近传来了羊愉快的叫声。

循着声音,他找到了走失的羊,不由地感动得泪流满面,认为是上天对自己的恩赐。

不过有一件事情很奇怪,就是这只失而复得的羊活蹦乱跳的,还叫个不停,和平日里安静的举止大不一样。

"难道是它看到主人,太兴奋了吗?"图卡忍不住笑了。

他挥舞着鞭子,想把羊赶回家,可是羊不听他的指挥,它一会儿乱晃脑袋,一会儿又走东闯西,似乎吃错了药。

图卡很担心,连忙抓住羊的角,生拉硬拽地把它牵回了家。

到家后,图卡已是大汗淋漓,他没有休息,而是仔细对走失的羊做了一番检查。

近代巴勒斯坦的一家咖啡馆

他在羊嘴里发现了咖啡豆的残渣,因此起了疑问:莫非这只羊行为异常,是吃了豆子的原因?

由于担心绵羊在吃完咖啡豆后会中毒,图卡没有把这只羊杀了办喜宴,他观察了几天,发现这羊又恢复了正常,变得和往常一样了,这才放心下来。

不过他也因此起了很大的好奇心,想亲身验证一下咖啡豆的效力。

几日之后,他去戈壁上放羊,顺手摘了几颗咖啡豆,放到嘴里嚼起来。

很快,咖啡豆展现出了它的魔力,图卡开始手舞足蹈起来。

他觉得很兴奋,头脑比清晨起床的时候还要清醒,仿佛疲劳一扫而空,不过坏处是他的心脏"扑通扑通"跳个不停,仿佛立刻就要跳出来似的。

恰巧,一群僧侣看到了图卡的怪模样,就走上前询问缘由。

图卡如实相告,僧人们点点头,取了一些咖啡豆回去了。

后来,在进行夜间的宗教仪式时,那些僧侣就事先将咖啡豆熬汤,然后喝下,他们用这种方法来使自己保持清醒,而后人们也纷纷效仿,于是咖啡这种神奇的饮料便在全球风靡开来。

47

如何将药物送进血管

"危险"的注射器

医院里有一种常见的器材,那便是注射器。

相信很多人对注射器深恶痛绝,因为它要扎进皮肤里,会令人产生疼痛感。

可是医学知识却明确地告诉大家:将药品直接输入静脉中,对疾病有着显著的疗效。这真是令人无奈啊!

在 17 世纪 60 年代,德国科学家就发现了这一原理,于是有一些医生动起了脑子:如果能制造一种工具,把药物注入人体内就好了!

他们动手试验了起来,将动物的膀胱做成一个气囊,然后把混合了药物的溶液装入气囊中,再轻轻一按,药液就出来啦!

可是怎么让药进入静脉呢?这种气囊可没有武侠小说中那种隔空打物的技能啊!

医生们想了一些办法,他们找来一些细小而结实的树枝,将其表面打磨得十分光滑,然后再将树枝掏空,与气囊连在一起,一个最初的注射器便生成了。

不过医生们并不敢用,他们觉得将这种注射器直接插在人身上,实在是太恐怖了,并不能保证病人的安全。

一天,一位因喝酒而胃出血的中年男人被送到了一个诊所里,由于病情危急,医生决定冒一次险,用注射器给病人注射药物。

他将注射器上树枝的一端削得很尖锐,然后犹豫了一下,就扎进了病人的静脉中。

很快,注射器气囊里的乳白色溶液流进了病人的身体里,待药液全部流完,医生松了一口气,赶紧为病人止血,同时暗自祈祷这位病人能很快好起来。

或许是这名男子的身体比较强壮,在治疗了一段时间后,竟奇迹般地恢复了!

"原来我们的发明真的有用啊!"医生们欢呼雀跃,从此大张旗鼓地使用注射器,毫不担心会有何种后果。

后来,这种注射器由于不卫生,让很多病人引发了并发症,导致救人不成反让人送命的悲惨结局,便被议会禁用了。

一晃 200 年过去了,尽管注射器销声匿迹,可是医生们从未放弃将药物注入人体内的想法。

他们尝试了各种器材,如涂有药液的木钩子、柳叶刀,企图让这些器具在刺穿皮肤的同时得到将药物送入人体的效果。

可是这些方法光是说出来就足以让人毛骨悚然,病人们都不肯让自己变成试验品,而医生们也很无奈,他们只好在动物身上做实验。

公元 1853 年,法国医生普拉沃兹突发奇想,做了一个白银针筒,这种针筒的容量只有一毫升,还配有一根带着螺纹的活塞棒,以便将药液推出。

人们因此将普拉沃兹视为注射器之父,但此时的针筒不等于注射器,因为它还是无法刺入皮肤,人们只是拿它来消除胎记而已。

后来,又有人发明了针头。

针头是中空的,非常细,也很容易刺破皮肤,可惜当时的医生并没有意识到这一点。

直到几年以后,苏格兰医生亚历山大·伍德才提出一个新奇的想法:针头和针筒应该是绝配啊!药液装在针筒里,然后被推入针头中,而针头扎进静脉中,药自然就可以注入人体了!

他将这种组合后的器材用来给失眠的病人注射吗啡,结果非常成功,医学界开始留意这种新工具了。

可惜乐极生悲,伍德的妻子也有失眠症,于是她尝试着给自己注射吗啡。

由于吗啡注射过量会上瘾,伍德的妻子控制不了对吗啡的渴望,终于在一个晚上,因注射了过多的吗啡而身亡。

伍德痛不欲生,此时他才发现针筒上是没有刻度的,这也意味着在注射过程中,药物量的无法掌控可能会导致病人受伤或死亡。

痛定思痛的伍德对注射器进行了改进,他不仅增加了刻度,还换上了更细的针头。

从此,创伤面积极小、用药迅速的注射器为医生们广泛使用,而很多人也因为这项发明捡回了性命,可以说注射器是医学史上的一大成就。

小知识

早在 15 世纪,意大利人卡蒂内尔就提出注射器的原理。但直到公元 1657 年英国人博伊尔和雷恩才进行了第一次人体试验。法国国王路易十六的外科医生阿贝尔也曾设想出一种活塞式注射器。英国人弗格森则第一个使用玻璃注射器。

48

挽救生命的条纹

马路上为何会出现斑马线

在今日的马路上,十字路口总会出现一些醒目的白条纹,稍懂交通规则的人都知道,这叫斑马线,是专门为行人服务的。

当行人需要横穿马路时,他们就必须从斑马线上走过,这样就能避免被高速行驶的车辆撞到。斑马线可谓是人们的生命线。

斑马线是怎么产生的呢?这还得从罗马时代说起。

其实无论是古代还是现代,交通问题一直受人们关注,即便是交通不发达的罗马,街道上也会有事故发生。

在罗马帝国时代,城市里的居民人数在不断增加,而街道却没有扩建,仍旧很狭窄,加上十字路口又多,造成了一些地方的拥挤和堵塞,一些倒霉的路人有时就会与马车撞在一起。

后来,一个地方官对此状况进行一番思索:马车之所以会撞人,是因为不减速,而在交叉路口,人多车杂,如果大家乱哄哄挤成一团的话,是很容易出事的,唯一的办法就是让车辆减速,这样行人就安全了。

于是,他召集手下探讨可以提醒马车减速的标志。

"我们可以在靠近交叉路口的地方摆上木牌,警告马车要放慢速度!"一个官吏说。

"不行,木牌会被移走的,或者被马车辗个粉碎。"其他人反对道。

另一个人提议道:"不如在地上铺一些石头,告诉车夫要小心行驶。"

"可是石头该怎么摆放呢?会不会挡道啊?"大家又有些疑问。

这时,地方官忽然一拍桌子,大声说:"我懂了!可以让这些石头从路的一头一块一块地铺到另一头,用来告诉车夫,这是行人要走的路,所以他们需要减速,而石头之间的空隙正好可以让车轮通过!"

"不错,不错!"大家的夸赞声里有一半是真心觉得这个主意好,另一半则是为了给上级拍马屁。

于是,数日之后,该城市的街道上出现了一些奇怪的石头路,路人们可以踩着石头过街,但他们需要从一块石头跳到另一块石头上,所以大家都开始像个猴子一样地跳来跳去,而这种石头也因此被称为"跳石"。

随着罗马帝国的衰落,跳石也消失无踪,于是街道上重新出现了拥堵的情况,再加上汽车的发明,各种交通事故更是层出不穷。

到了 20 世纪 50 年代,英国政府决定改变这种状况,他们向大众征集改善路况的方案。

有一位历史学家研究过罗马的跳石,他思忖道:如果把跳石直接镶嵌在地面上,汽车就可以通行了,同时行人也能保障自身安全。

可是镶嵌石头过于麻烦,而且也不醒目,历史学家就又想了个办法:在路面上画出一条一条黑白相间的线,这样不就非常明显了吗?

于是,他将自己的想法上报给了政府,伦敦政府采纳了这个建议。

数个月后,在伦敦的街道上赫然出现了一道一道白色的横纹,人们都非常吃惊,议论道:"真像斑马的纹路呢!"

结果没过多久,大家就习惯性地称其为斑马线了。

由于斑马线具有良好的提示性能,其他国家也都纷纷效仿,从而让斑马线变成了如今通用的路面信息。

小知识

19 世纪初,在英国中部的约克城,红、绿装分别代表女性的不同身份。其中,着红装的女人表示已结婚,而着绿装的女人则是未婚者。后来,英国伦敦议会大厦前经常发生马车轧人的事故,人们受到红绿装启发,发明了交通信号灯——红绿灯。

49

爱护妻子就要缓解她的痛苦

卫生棉的创新

对女人来说，每个月总有那么几天，会经历腹痛、肌肉无力的折磨，从而变得脾气暴躁。即便有些女人不会疼痛，她们也会产生不适感。

在这个时候，男人们就要对女性多一些理解和关心了，毕竟男性同胞不会体验一种类似一连7天都穿着潮湿内裤的感觉。

在20世纪40年代的美国，有一位丈夫就对每个月要承受痛苦的妻子十分怜惜，甚至想要发明一种东西来替妻子分忧。

那个时候，女人们自创了一种"可洗式卫生棉"，她们会做一种长长的布袋，然后在袋子里塞上棉絮或碎布，然后裹在裆部，再穿上一个用橡胶制成的"卫生围裙"，最后穿上裤子，总之是麻烦至极。

这位美国丈夫的妻子就在每个月的月初要经历七天这样烦琐的生活，有时候她很不耐烦，会指着丈夫大声吼道："为什么你们男人不需要承受这种事情！"

做丈夫的这时微笑着接受指责，同时好言相劝，让妻子安心。

妻子是一位文书员，所以即便在来月经的时候也得上下班。

有一次，妻子早上兴冲冲地出门，晚上回来时却黑着一张脸，眼眶也是红红的。

"亲爱的，怎么啦？谁欺负你了？"丈夫赶紧上前去安慰。

妻子这时憋不住了，"哇"地放声大哭起来，边哭边说："今天在公司里，好多人都看到我的裤子脏了，却不告诉我，我是最后一个知道的！"

丈夫听完老婆的哭诉，这才明白过来，连忙哄了她半天，这才让妻子停止了哭泣。

第二天，妻子说什么也不肯去公司了，她觉得自己太丢脸，没办法在外面走动了。

丈夫只好先出去工作。

丈夫下班回来时，发现妻子正在发呆，便笑着问她："又在想什么呢？"

"我在想，以后每到这个时候我都不敢出门了，可是我又觉得在家里很闷，很无聊呢！"妻子可怜兮兮地说。

丈夫疼爱地抚摸着妻子的头发，感慨道："要是能设计一种棉布，既卫生又安全,而且是一次性的,该有多好!"

妻子听到这番话后,立即高兴起来,赞同道:"是啊!到时候我就可以自由自在地在大街上走了!我也不用再穿卫生围裙了,那玩意儿真让我难受!"

丈夫若有所思,他看着妻子,疼惜地说:"那就让我来设计吧!"

妻子并不相信丈夫有这个能力,因为丈夫从未做过制造之类的事情。

可是丈夫非常有信心,他决定为妻子发明这种先进的卫生棉。

他开始寻找吸水性强的棉布,后来他又发现绵软的纸浆也有同样强大的吸附功能,就将两种材料混合在一起。

同时,他受到了医疗手术的启发,发现那种可用来包扎伤口的纱布可以阻止鲜血的渗出。

于是,他将纱布包裹在棉布和纸浆之上,就做成了世界上的第一款卫生棉。

他让妻子试用了一下自己的发明物,结果妻子的脸上洋溢着幸福,她高兴地说:"非常好用!我感觉舒服多了!"

于是,卫生棉就开始在欧美国家流行开来,后来人们又把它变成了可粘贴的物品,妇女们因此享受到了更大的便利,她们在生理期的行动也越发自由了。

小知识

关于卫生棉发明的另一种说法是:第一次世界大战中在法国服役的美国女护士们曾对经期用品做了一番大胆的尝试,用绷带加药用棉花制成了最早的卫生棉。此后,卫生棉很快成为女人的莫逆之交。据说,第一个一次性卫生棉的广告就是由美国绷带生产商推出的。

第二章

那些阴差阳错

捣鼓出来的动静

一次打猎过程中的意外收获

扫帚的发明

扫帚是人们打扫卫生时使用的工具之一,在吸尘器没有被发明的古代,它对人类的贡献是巨大的,替人们节省了相当多的精力和时间。

为何会有人想到要做扫帚呢? 此事还得从一次打猎开始说起。

在四千多年前的夏朝,有一位名叫少康的贵族,他有两个嗜好,一是喝酒,二是打猎。

少康是个神箭手,他每次出去狩猎,基本都是满载而归,所以男人们都喜欢跟他骑马打猎,而女人们则在心中窃喜:又有野味可以吃啦!

有一年的春天,等气温稍有回升,少康就迫不及待地准备了马匹和弓箭,飞奔着去了树林,他已经憋了一个冬天,早就技痒难耐了,此番发誓一定要多打几只猎物回家。

岂知天公不作美,遇上了"倒春寒",就在少康寻觅猎物的时候,天空又飘起了雪花。

很快,地上就积了薄薄的一层雪,仿佛银霜一般闪亮。

少康有点失望,但他又不甘心就这么回家,他心想:既然已经出来了,最起码也得带一只野味回去吧? 不然太亏了!

于是,不死心的少康就在树林里四处散步。

突然,少康看到有一只色彩缤纷的野鸡从自己的眼前"呼啦啦"飞过,顿时内心狂喜。

他勒住坐骑的缰绳,抽出一支箭搭在弓上,然后屏住呼吸,等待射击的最佳时刻。

那只野鸡似乎没有察觉到危险,依旧不紧不缓地在雪地上走着,过了一会儿,它似乎在地上发现了什么,就停下脚步对着地面啄起来。

机会来了!

少康来不及思考,就将箭射了出去。

只见箭"嗖"地一下贯穿了野鸡的背部,痛得野鸡张开翅膀飞起来。

然而,到底是受了重伤,野鸡飞了片刻就重重地砸在了地面上,也许是猜到了

108

自己即将面临的困境,它努力地拖着华丽的长尾羽,蹒跚地爬行。

少康怕猎物逃掉,就赶紧下马,欲将这只受伤的野鸡带走。

当他来到猎物前时,忽然有了一个发现:野鸡所过之处,地上那层薄薄的雪都不见了,只见野鸡屁股后面的泥土非常干净,像是不曾被积雪覆盖一样。

少康见此情景,心想:鸡毛还可以清除灰尘? 我倒要试一下。

他便一把摁住野鸡,然后在其身上拔下几根长长的羽毛,在地上扫起来。

他惊奇地看到积雪被扫到了旁边,地面变得异常整洁。

少康惊喜万分,他没想到此次狩猎,最大的收获不是猎到野味,而是得到了一种清洁屋子的办法。

少康回家后,便用鸡毛做成了一个奇怪的物品。

此物拥有着宽大的尾部,形状跟野鸡的尾巴差不多,而在该物体的上部,则是一根直直的木棒,可以方便人们用手拿捏。

少康将自己的这个玩意儿叫作"扫帚",他拿着扫帚在屋子里扫了扫,感觉对除尘十分有效,于是高兴极了。

可是这种扫帚有一个很大的缺陷,那就是太软,同时又容易掉毛。

为了让扫帚保持形状,少康用竹条、草代替鸡毛,然后绑在一起,如此一来,扫帚就不容易散架了。

少康发明的扫帚从此成为中国人的家庭用品,并一直沿用至今,而在欧美国家,由于人们种植高粱作物,就想到用高粱秆做扫帚,结果也非常实用。

如今,扫帚仍是很多家庭必不可少的物品,有谁会想到,它的出现是因为一次打猎而得来的灵感呢?

51

它的出现竟然要感谢火药

从"硝石制冰"到冰淇淋

冰淇淋是消暑食品,可是最初它的出现,居然要得益于火药!

一个是炙热如火的爆炸物,一个是冰凉沁肤的食品,二者怎么可以相提并论呢?

但事实确实如此。

在唐朝末期,有一个节度使想扩大自己的实力,就想给军队装备火药,这样一来,在作战时他就能打遍天下无敌手了。

为了研制火药,他到处寻找硝石矿。

因为硝石是制作火药的原料,只要有了硝石,火药的生产就不成问题。

描绘唐末节度使出行的壁画

节度使派出去的矿工找了很长时间,终于在一处山上找到了丰富的硝石矿。

当节度使听到这个好消息时,他兴奋异常,就派了大量工人去开采矿石。后来他又觉得工地不应该与军队距离太远,干脆就将自己的驻地也搬到矿场附近,以方便监工。

这时候,节度使的儿子不高兴了。

这位小少爷从小娇生惯养,除了睡觉,剩下的爱好就是吃饭,自从他随父亲搬迁到有硝石的地方后,他就满肚子气,整天叫嚷着要回城里去。

节度使对此很生气,怒斥道:"男子汉就该磨砺自己的心智,怎么能怕吃苦呢?"

小少爷不敢与父亲顶嘴，但他却不停对着娘亲撒娇，节度使的其他几个夫人也都宠着他，谁让节度使只有这么一个儿子呢！

"娘！我在这里吃得一点也不好！都变瘦了！"小少爷哭哭啼啼地说。

几位夫人听后很心疼，便寻思着做点好吃的给儿子，可是，小少爷的嘴巴总是很挑剔，无论多好吃的东西，吃两口就吐了出来。

其实这个孩子是想借口回到人多热闹的城市里，所以才用了这种苦肉计。

节度使为了让儿子有所担当，就带他去了工地，决定要好好教育儿子一番，告诉他男人该具备什么样的精神。

小少爷心不甘情不愿地跟在父亲身后，此时正是夏天，小少爷浑身都是肥肉，几乎迈不开步子，简直是叫苦不迭。

当父子俩到达工地时，正有很多工人抬着硝石从山上回来。

小少爷一看见工人，就命令道："快打盆水来，我要洗脸！"

工人不敢怠慢，连忙舀了一盆水端到少爷的跟前。

小少爷刚想洗脸，碰巧他的头顶上方有几位工人在抬硝石往下走，由于硝石装得太多，一块较小的矿石掉了下来，正好掉在洗脸盆里。

小少爷被溅了满脸的水，他勃然大怒，刚想发火，在这个时候，奇迹却发生了！

只见脸盆里的水慢慢凝固，在这个骄阳似火的七月竟然变成了一整坨冰，还冒着丝丝凉气！

所有人都很吃惊，小少爷还伸出手指想戳一戳冰，结果他刚触到冰面，就被冻得缩回了手。

"是硝石的作用吧！"有人猜测道。

小少爷回军营后，把当天的这件奇闻告诉了自己的娘亲。

做娘的听说夏天能制冰时，居然又想到了一个奇特的食谱。

她先将水煮开，然后让人用硝石将开水变成冰块，接着她将冰块打碎，再淋上糖浆，一款全新的食品便出炉了！

她笑呵呵地端给儿子品尝。

这一回，小少爷再也没有说难吃，而是大声赞叹道："太好吃了！"

夫人宽慰极了，便经常做这种冰给儿子吃。

后来，其他人也学会了夫人的制冰方法，到了宋朝，聪明的生意人在冰里又加入了水果或果汁，于是冰的味道就更好了。

元朝时，人们又为这种食物添加了果酱和牛奶。

后来，这种冰被带到了欧洲，经过多方改进，终于成为现代的冰淇淋。

珍贵的黑色药剂
来自意大利的玻璃镜子

镜子是人类的朋友,它能真实地映出人类的本来面目,告诉你怎样修饰仪表、搭配衣服,因此备受人们的喜爱。

在遥远的古代,是没有镜子的,可是人们又想看自己的样子,该怎么办呢?

有人就经常去河边照脸。

那时的河水还没有被污染,水还是很清澈的,所以人脸的大致模样还是能被照出来的。

后来,人们又努力地磨石头和青铜器,从而造出了石镜、青铜镜,让人们更加清楚地看到了自己的样貌。

到了公元4世纪,罗马人用苏打石和石英砂混合加热,造出了玻璃,这种透明的物质能清晰地照映出物体的形状,而且不受环境、气候等影响,非常方便。

但是人们却对玻璃不是很满意,这是为什么呢?

《女史箴图》中仕女对镜梳妆

原来,由于玻璃中含有铁元素,所以最初的玻璃是绿色的。

意大利的工匠们想尽了各种办法要消除绿色,却始终不能如愿以偿。

在当时的罗马城里,有几家比较大的玻璃作坊,这些作坊主都不约而同地认为无色玻璃会更受大众欢迎,因此均憋了一口气,想要率先将无色玻璃制造出来。

可是说得容易做得难,一年之后,大家依旧是一无所获。

于是,有些作坊主懒得再动脑筋了,他们寻思着不如就用绿色的玻璃制作一些花纹精美的器皿,这样的话还能多赚一些钱。

有一些人还在坚持，认为自己肯定能找到使玻璃变色的方法。

在这些人当中，只有一个叫尼诺的作坊主与其他人想的不一样，他觉得不一定非得要无色玻璃，如果让玻璃变得五颜六色的，人们不也会照样趋之若鹜吗？

于是，尼诺找来几个资深工匠，让他们一定要造出有不同颜色的玻璃。天意弄人，正当尼诺满心希望自己能生产出多彩玻璃时，一个工匠忽然来找他，并且惊叫道："玻璃，没有颜色！"

"什么？"尼诺不解其意，就跑到锅炉边去了解情况。

结果，他看到了一面什么颜色也没有的透明玻璃！

"真不可思议！"尼诺赞叹道。

他围着玻璃转了很久，突然想起什么，问道："你们在做玻璃的时候加入了什么东西？"

工匠们便七嘴八舌地说起来，可是他们说的都是平时尼诺试验过的材料，听得尼诺直摇头。

这时尼诺注意到地上有一些黑色的粉末，便仔细查看了一下，问道："你们用到它了吗？"

工匠们纷纷摇头，并惊讶地说不知什么时候碰翻了这些粉末。

恰似一道闪电在脑中闪过，尼诺顿悟：正是这种黑色粉末改变了玻璃的颜色！这种粉末就是二氧化锰，自从它被尼诺发现后，意大利就有了无色玻璃。后来，工匠们又发现当玻璃的一面是不透明时，物体就能分毫不差地反映在玻璃里了。

他们又想了很多办法来涂抹玻璃。

一千年后，意大利的达尔卡罗兄弟用锡和汞进行反应，制成了锡汞齐，这种化合物能牢牢地吸附在玻璃的表面，于是，人类历史上的第一面镜子诞生了。

如今，镜子背面是由铝镀成的，它也比过去任何时候的镜子要便宜很多，因此在日常生活中得到了广泛应用。

小知识

中国在公元前 2000 年已有铜镜。但古代多以水照影，称盛水的铜器为鉴，汉朝始改称鉴为镜。汉魏时期铜镜逐渐流行，并有全身镜。明朝传入玻璃镜，在清朝乾隆以后逐渐普及。

53

疑心病造出的绝美礼物
商人的高跟鞋

从前,在意大利的威尼斯,有一位特别有钱的商人,他的财富比全城百姓一年的收入还多,这让他在城中成了一个有头有脸的人物。

商人多年来忙着做生意,还没有结婚,因此前来说媒的人踏破了他家的门槛。可是任凭媒人摇动三寸不烂之舌,说得天花乱坠,却始终打动不了商人的心。

原来,商人认为那些姑娘都不漂亮,不够资格娶回家当老婆。

媒人没有办法,只好去城外发掘"资源"。

终于有一天,媒人喜滋滋地拿着一幅画像来见商人,并舌灿莲花地说有个姑娘特别美丽,绝对属于天仙级的人物。

商人半信半疑地打开画卷,果然又惊又喜,只见画中的女子眼含秋水,面似桃花,绛唇点朱,光看画像就已令人心旌荡漾。

媒人注意观察着商人的神色,知道此事八九不离十了,便又夸了一句:"人长得比画里的还要美呢!"

商人这才哈哈笑起来,要与姑娘见上一面。

媒人忙不迭地将姑娘引荐给了商人,商人被姑娘迷得神魂颠倒,很快就订下了这门婚事。

孰料因为妻子太美,商人竟然开始没自信起来。

因为这个商人白手起家,直到中年时才有了一定的财富,而如今他真正有钱了,却已经快步入老年,在容貌和精力上已经比不过那些年轻小伙子了。

加上这些年来,由于劳心劳力地操持生意,他的衰老程度也快过常人,因而每当他与小妻子走在一起,就跟父亲和女儿为伴似的。

商人担心妻子嫌弃自己衰老丑陋,就格外宠她,总是给她买贵重的礼物,还大把大把地为她花钱,哄得妻子十分开心。

其实这个商人不用太过担心的,因为他老婆是个十足的拜金女,只要有钱就行,至于自己的老公长什么样,她根本不在乎。

但是商人不知道妻子的想法,他整日发愁,脾气也变得古怪起来。

一次,他要去其他城市进货,虽说只有几天的时间,可是他却很不放心,因为他在潜意识里觉得妻子肯定会给他戴绿帽子。

于是,他命令几个仆人对妻子严加看管,即便如此,他还是很不放心,又怕妻子逃出仆人的监视范围。

为了让妻子走不快,他专门为妻子订制了一双漂亮的红皮鞋,鞋上有美丽的花纹和羽毛,此外,和其他鞋子不一样的是,这双鞋子的鞋跟非常高,穿上去之后很容易摔跤。

商人不怕妻子摔倒,只怕妻子不穿这鞋子。

他将鞋子塞在一个漂亮的盒子里,当作礼物给对方看。

爱慕虚荣的妻子一打开盒子,便立即惊叫起来:"好美啊! 鞋子上还有宝石呢!"

"是啊,亲爱的,这是我为你特制的鞋子,穿上它,你会显得更加婀娜高挑!"商人流利地说着谎话。

"是吗? 那真是太棒了!"妻子捂着嘴笑道。

她迫不及待地穿上了红色高跟鞋,在地上走了两圈。

令商人欣慰的是,妻子居然没有嫌脚痛,也没有说不穿这双鞋。

第二天,商人就出门了,而他的妻子也穿着高跟鞋在街上四处走动,因为她觉得这双鞋子让她的曲线变得非常优美,即便脚变得很痛,她也不在乎。

很快,城中的百姓就注意到了富商妻子脚上的高跟鞋。

令商人没有想到的是,大家都觉得这鞋子很漂亮,甚至有人还打算照着给自己做几双穿一穿。

后来,商人得知了这一消息,干脆大量生产高跟鞋,以满足人们的需求。很快,高跟鞋便成为流行物品,在此后的几百年间让人们的脚疼痛并美丽着。

小知识

　　关于高跟鞋的发明还有另外一种说法:以爱美著称的法国国王路易十四为了让自己看起来更高大、更具权威,就让鞋匠为他的鞋装上四寸高的鞋跟,并把跟部漆成红色以示其尊贵身份。

54

一个穷光蛋的淘金梦

从帐篷到牛仔裤

世界上大概找不出一种裤子能像牛仔裤那样流行，它老少通吃、耐磨耐脏，因为它是用帆布做的。

帆布，其实就是做帐篷的布料，听起来是不是有种"很工人"的感觉？

没错，牛仔裤最初就是由工人发明的。

在公元1848年，从美国的萨克拉门托河畔传出一个惊人的消息：这里有大量的金矿，足以改变一个穷人的命运！

顿时，整个美国沸腾了，无数人拿着铁镐前往加利福尼亚州，为即将到来的黄金梦而激动不已。

这个梦想也跨越了大西洋，传到了德国的巴伐利亚。

一个名叫利瓦伊·史特劳斯的年轻人刚失去了父亲，他的父亲在生前是个小商贩，每日辛苦奔波却仍然不能解决全家人的温饱问题，眼下因为生活的折磨而离开人世，让整个家庭更是雪上加霜。

寻宝者在加利福尼亚州一处河床淘金

利瓦伊·史特劳斯一咬牙，决定去美国碰碰运气，他再也不想过贫穷的生活了！

于是，二十岁那年，穷小子利瓦伊·史特劳斯漂洋过海，只身来到旧金山。

当他抱着满腔希望抵达目的地时，现实却给他敲了一记闷棍。

谁都想发财，谁都不肯将黄金拱手于人，结果旧金山挤满了世界各地的淘金者，大家住在简陋的帐篷里，活得异常艰苦，甚至连利瓦伊·史特劳斯的老家都不如。

由于淘金的人实在太多，金子也所剩无几，这使得工人们不得不花费更多力气来挖掘金矿，可是即使这样，他们也收获甚微。

利瓦伊·史特劳斯淘了一段时间的黄金，没有获得任何财富，反而比过去更穷了，一时间，他的内心充满了绝望：难道自己的选择是错误的吗？上天真要断绝我的前进方向吗？

他每天带着低落的情绪开工，淘到的金子就更少了，最后他干脆放弃了淘金，而是去帮人们购置日用品，这样还能稍稍赚到一些钱。

因为旧金山的人口激增，所以日用品的消耗量是极大的，可是卖生活用品的地方离工地却特别遥远，所以人们要为自己添置必备的物资，总是得费尽周章。

利瓦伊·史特劳斯想起了父亲，他觉得自己是商人的后代，理应具备经商的头脑。

他转而开了一间杂货铺，为矿工们提供服务。

这一次，他的选择是正确的，很多人都来他店里消费，让他的日子好过了一点。

利瓦伊·史特劳斯见矿工们越来越多，就预先买了大量帐篷，他觉得这些帐篷是工人的必需品，肯定能卖个好价钱。

谁知他的如意算盘打错了。

由于生活窘迫，矿工们大多会自带帐篷，而已经在旧金山扎根的工人，又往往要将帐篷用到破败至极，才会想到要换一个新的。

利瓦伊·史特劳斯的帐篷卖不出去，急得他整天想着该如何销售。

有一天，一个工人来到了利瓦伊·史特劳斯的店里，利瓦伊·史特劳斯立刻条件反射性地问对方："要买帐篷吗？"

工人摇头，说："你这里有没有结实耐磨一点的裤子，我没有裤子穿了！"

利瓦伊·史特劳斯很惊奇，就和这名工人攀谈起来。

他这才知道，现在淘金业特别不景气，工人们每天不得不更加勤奋地劳动，他们的裤子就与砂土、石块摩擦得更厉害了，有时候一条新裤子刚穿两三天就磨出了洞，非常可惜。

利瓦伊·史特劳斯顿时启动了脑筋：帐篷是很耐磨的，不如我把积压的帐篷改成裤子，然后再卖给工人吧！

他就尝试着做了一条，还将其命名为"利瓦伊氏工装裤"，这就是如今的知名品牌李维斯。

利瓦伊·史特劳斯的帆布裤发明出来后，果然大受旷工的欢迎，不过他很快发现了一个难题：这种裤子实在太厚了，以致上面的线经常会裂开。

有一个裁缝是利瓦伊·史特劳斯的顾客，他想到了一个办法——用铆钉来加固裤子，裤子就不会裂了。

事实证明裁缝的话是对的，由于裁缝没有钱去申报专利，利瓦伊·史特劳斯便提供资金,跟他一起申请了牛仔裤的专利。

或许两人都没有想到,牛仔裤在一百多年后竟成了时尚界的宠儿,登上了大雅之堂。

小知识

李维斯牛仔裤从诞生到经典的变迁:

1855 年,最早的牛仔裤只有一个后袋。

1872 年,始创用金属铆钉加固牛仔裤受力部位。

1873 年,牛仔裤由灰色改为靛蓝色,后袋饰以橙色的双拱式线迹。

1886 年,把后腰标牌的图案由小矮人改为两匹马。

1890 年,加上一个表袋与后口袋。

1905 年,加上第二个后袋,至此牛仔裤有 5 个口袋的形式固定了下来。

1922 年,在裤腰增设腰带襻。

1937 年,后袋的铆钉被藏在里面。

1941 年,取消了牛仔裤前开襟下部的铆钉。第二次世界大战期间去掉了后腰蝴蝶结及表袋铆钉,而后袋的双拱式线迹则由印制的相似图形来代替。一枚月桂树叶代替了压扣上的标志"L. S. & CO. S. F. CAL. "。

1947 年,拱式线迹重新出现。

1950 年,为顺应时尚潮流,裤管裁成更修身的式样。

1955 年,开始生产装有拉链的 501 牛仔裤。

1959 年,开发出经过预缩处理的牛仔裤。

1966 年,后口袋角处以条棒形短线迹代替铆钉固定。

1971 年,红色标牌由"LEVI'S"改为"Levi's"。

1983 年,织布机技术的改进,使得布幅增宽,红裤边消失。

进入 20 世纪 90 年代,科技的高速发展使得制作牛仔裤的技术大大提高,加上时间的累积令牛仔裤获得了今天的完善结构。

55

被煤油洗干净的礼服

干洗技术的产生

有时候，一不经意能惹出大祸，但有些意外却也能促成好事，甚至改变一个人的一生。

19 世纪中叶，一个名叫乔利·贝朗的男孩子在巴黎一个贫寒的家庭中诞生，而他的母亲已经育有一个儿子，两个女儿，所以一家人的生活非常艰难。

"唉，又添了一张嘴啊！"贝朗的父亲看着刚出生的婴儿，心中充满愁绪。

为了养家糊口，父亲起早贪黑地做着搬运工，而母亲则去为贵妇们洗衣服，至于贝朗的哥哥和姐姐，他们也都在稍微懂点事后当上了杂役，尽量避免给家里增添负担。

当贝朗到了 13 岁时，家里再也没钱供他读书了，他也知道自己该断了上学的念头，因为哥哥姐姐们都在很小的时候就辍学了。

母亲把他带到一个贵族家里，请求管家："这孩子手脚麻利，可以做不少工作呢！就让他留下来吧！"

管家绕着贝朗走了几圈，摇摇头："太瘦了，怕是还没工作，就已经晕过去了！"

"不会的！不会的！"可怜的母亲捂着胸口说，"他虽然瘦小，但很结实，我保证他会很能干的！"

管家从鼻子里发出了冷笑声，但他好歹接纳了贝朗，从这天开始，贝朗就成为这个贵族家的杂工。

贵族的妻子是一个既挑剔又喜欢无事生非的女人，她总是怀疑贝朗偷懒，就不停地指挥贝朗做东做西，把这个可怜的孩子使唤得团团转。

"贝朗，你为什么没有打扫房间！"妇人经常这么吼叫。

实际上，贝朗只是没擦干净房间里的一个花瓶。

"贝朗，你为什么不好好洗衣服！"妇人又在大声咆哮。

事实上，贝朗只是没来得及晒衣服而已。

长此以往，小贝朗的神经变得高度紧张，因为他的耳边总有一个悍妇在大吼大叫，而且他也极害怕自己会出错，会招致贵妇更加凶狠的斥责。

可惜有句话叫"忙中出错"，越是担心的事情就越会发生。

在一个夜晚，贵妇拿来一件华丽的礼服，要贝朗熨烫。

当贝朗接过礼服时，这个妇人又指着他的鼻子，尖叫道："别给我弄脏了！否则我剥了你的皮！"

贝朗被吓得浑身发抖，他赶紧将礼服放到熨板上，然后小心翼翼地工作起来。

此时夜已经非常深了，瞌睡虫围绕着小贝朗，不断往下拉动他的眼皮。

贝朗强忍着困意，努力地睁开眼睛，但过不了多久，他的身体又开始晃动起来，因为他快要进入了梦乡。

突然，"扑通"一声，彻底将贝朗的瞌睡虫打飞到九霄云外。

他惊恐地发现自己碰翻了煤油灯，灯里的煤油倾泻出来，将礼服弄脏了好大一块。

"完蛋了！这可怎么办啊！"小贝朗急得眼里噙着泪水。

那位贵妇人真是神通广大，她居然听到了煤油灯倒地的声音，于是气势汹汹地过来，将贝朗一顿臭骂。

贝朗低着头，默默无语，他不知接下来自己将会面临怎样的惩罚。

"反正衣服也脏了，我就不要了，但你得赔我！从今天开始，你就给我做一年没有薪水的工作！"

贝朗哭起来，他觉得自己给家人添了很大的麻烦。

待妇人走后，贝朗就将礼服挂在自己的屋里，然后每天依旧在打骂中艰难地生活。

他每天都要看一眼礼服，提醒自己不要出错，过了一段时间，他惊讶地发现，礼服被煤油浸过的地方不但没弄脏，反而变得干净了！

"快把衣服洗干净，告诉夫人，这件衣服你没有弄脏！"同屋的伙伴好心地跟贝朗提议。

贝朗却兴奋地摇摇头，说："不，我觉得它有更大的用处！"

自从发现煤油能清洁衣物后，贝朗又做了很多研究，他在煤油中添加了其他原料，制出了干洗剂。

贝朗做了一年没有薪水的工作，但此后他在巴黎开了一家干洗店，这也是全球第一家干洗店。

贝朗的生意越做越大，最后他成了名扬四海的干洗大王，而那个曾经对他不停吼叫的妇人却没有到他的店里消费过，据说她一直对贝朗感到很羞愧呢！

56

失败是成功之母

用途广泛的尼龙

尼龙是我们生活中很常见的东西，人们用它来做蚊帐、窗帘、袜子等。尼龙可谓是用途非常广泛的一种物品。

尼龙这么有用，发明它的人一定早就想将它制造出来了吧？

事实恰恰相反，在尼龙出现以前，没人知道这个玩意儿，也没人知道它可以被怎样使用，总之，尼龙的出现，全靠上帝的安排。

在 20 世纪 30 年代，美国有位名叫华莱士·卡罗瑟斯的化学家，原本是哈佛大学的化学老师，后来杜邦公司仰慕其能力，就高薪聘请他担任研究所基础部的负责人。

卡罗瑟斯虽然换了工作地点，但他对科学的一腔热情仍是没有变，他几乎每天都泡在公司的实验室里，其认真态度让所有同事都交口称赞。

后来，公司制订了一项新任务，要卡罗瑟斯发明一种胶水，并要求该胶水得有很强的黏性，且不怕雨水和酸蚀。

美国化学家华莱士·卡罗瑟斯

这真是给卡罗瑟斯出了一个很大的难题，但他没有退缩，反而向公司做出承诺："我一定会完成这个任务！"

此后，卡罗瑟斯更加努力地去做实验，他简直将实验室当成了自己的家，恨不得一天二十四小时待在里面，这让他的老婆又是生气又是心疼。

"你不要那么拼命，早点回家休息！"妻子嗔怪道。

"你不知道，我已经给了公司保证，一定要在三个月内完成研发，时间可是不多了呀！"卡罗瑟斯疲惫地说。

可惜三个月的期限马上就要过了，卡罗瑟斯还是一无所获，他感到沮丧，并开始怀疑起自己的能力。

在一个夏日，他忙碌了一整天，却仍旧以失败告终，这时他的心情灰暗到极点。他再也无心研究，而是想起了妻子的话，便垂头丧气地想：算了，还是早点回家吧！

他草草地收拾了一下实验器材，也没有像往常一样仔细查看，就匆匆地关上了

121

实验室的门。

晚上睡觉的时候，他深刻反省了一下，觉得自己不该就这么放弃，而应该继续探索，他白天的情绪实在太糟糕了！

第二天，他早早就去公司了，他在心里暗暗给自己鼓了鼓劲，继续开始做实验。

当他拿起一根玻璃棒的时候，忽然看到棒子的尖端黏着一些乳白色的胶状物，很明显，昨天他没有将这根玻璃棒洗干净。

卡罗瑟斯想用手把胶状物弄走，当他去拉棒尖的时候，一下子将胶状物扯成了一根长长的细丝，无论他怎么拉扯，细丝就是断不了。

卡罗瑟斯捏了捏这根细丝，惊讶地发现它的强度非常大，也很结实。

这么说，我的失败之作还是有用的？卡罗瑟斯心想。

他的心情瞬间好了很多，然后他做出了一个决定：将过往失败的化合物重新拿出来，放到一起加热，然后看看能否拉出细丝。

卡罗瑟斯没有想到自己的做法从此改变了人类的生活。

尽管他没能制造出公司所要的胶水，但他却发明了另一种让公司收益颇丰的物质——尼龙。

自卡罗瑟斯发明尼龙后，杜邦公司干脆放弃了生产胶水的初衷，转而大规模生产尼龙，并迅速征服了整个市场。

如果不是以往的实验都失败了，卡罗瑟斯一定造不出尼龙，所以失败成就了他，看来失败真的是成功之母啊！

小知识

公元 1939 年 10 月 24 日，杜邦在总部所在地公开销售尼龙长袜时引起轰动，尼龙袜被视为珍奇之物争相抢购。很多底层女人因为买不到丝袜，只好用笔在腿上绘出纹路，冒充丝袜。人们曾用"像蛛丝一样细，像钢丝一样强，像绢丝一样美"的词句来赞誉这种纤维，到公元 1940 年 5 月，尼龙纤维织品的销售遍及美国各地。

57 随战争迁徙过来的物品

大受欢迎的口香糖

口香糖是大家都爱嚼的一种物品,它能帮助清洁口腔,还能使口气清新,所以很多人喜欢在饭后嚼一粒。

不过,人们之所以喜欢口香糖,最主要的原因恐怕还是它嚼不烂,这种能被反反复复嚼来嚼去的玩意儿总能激发人们的好奇心。

口香糖的原产地在墨西哥。

公元 1836 年,一位名叫桑塔·安纳的墨西哥将军在贾森托战役中被俘,随后被押解到了美国。

这个安纳除了打仗,还有点生意头脑,他居然把本国产的一种人心果树的树胶带到了战场上。

当然,他被俘后,这种树胶就来到了美国。

后来,安纳被释放,他不甘心就此回国,便想方设法在美国逗留。

他听说在泽西市有一位名叫托马斯·亚当斯的冒险家,就专门去拜访了对方。

"嗨,老兄,你想发财吗?"安纳开门见山地说。

亚当斯有些疑惑,他笑着回答:"当然想啊,就是没想好该做什么。"

安纳就等着这句话,他从口袋里掏出一个东西,然后塞进嘴巴里嚼起来,边嚼边说:"我发现了一种能代替橡胶的树胶,你有兴趣吗?"

桑塔·安纳画像

亚当斯确实产生了兴趣,就和安纳聊了起来。

聊着聊着,亚当斯看着安纳不安分的嘴巴,心中不禁有了谜团,忍不住问对方:"你嘴里嚼的是什么呀?"

"就是我所说的能代替橡胶的树胶啊!"安纳笑着解释道。

由于对这种树胶还不了解,亚当斯不敢轻举妄动,就拒绝了安纳的经商要求。

安纳有点失望,不过他转念一想:不如我一个人来贩卖树胶,这样就少了一个人与我分享利润！

于是，安纳就大张旗鼓地开了公司，还不停地研究用树胶代替橡胶的方法，结果无一例外地失败了。

安纳欠了一大笔债，这才灰头土脸地回到了祖国。

再说亚当斯，自从与安纳谈过话之后，亚当斯就经常回想起安纳嚼树胶的情景，时间一久，他按捺不住好奇，就拿起一块树胶塞进了嘴巴，结果发现这种东西能够被一直嚼在嘴里，不由得啧啧称奇。

亚当斯的儿子看到父亲在嚼一种新奇的玩意儿，也效仿着放了一点在嘴里，结果他很快就找到了乐趣，并且乐此不疲。

在一个闲适的午后，亚当斯和儿子到一家药店买止咳药水，正好看到一个小女孩在买石蜡。

当时石蜡是用来磨牙的，因此经常被一些小孩子放在嘴里咬着玩。

亚当斯忽然有了主意，他问店主想不想兜售一种比石蜡更好的磨牙物品。

店主当然求之不得，于是亚当斯告诉对方，下周他会将商品带过来让他检验。

当亚当斯与儿子回家后，父子俩针对嚼不烂的树胶进行了一番改造。

他们在树胶中加入热水，搅拌至黏稠状，接着用力揉捏这种黏稠的物体，然后捏成一个个只有大拇指指甲那样的小圆球。

一周后，亚当斯把几十颗圆球送到了药店，店主试吃了一颗，当即表示自己要全部买下。

又过了两天后，店主主动来找亚当斯，请对方再多做点小圆球，原来，这些橡皮糖很受顾客的欢迎，在短短两天的时间里几乎要销售一空。

亚当斯从中看到了巨大的商机，他干脆租下了一家工厂，然后又花了极低的价格从墨西哥进口了原料。

从此，他的企业开始源源不断地生产口香糖，并引发了巨大的轰动，人们都亲切地赞扬道："亚当斯的纽约口香糖——又响又绵！"

小知识

直到第二次世界大战，口香糖的最基本原料仍是糖胶树胶。人心果树生长在中美南美和亚马孙河流域的莽丛中，70 年的树才能割胶，一棵树每隔 5 年割 1 次，并且只有在白天割。由于大战的原因，树胶的获取非常困难。为了克服树胶的短缺，人们开始试验口香糖合成主剂和合成树脂，今天人们嚼的口香糖大都是以聚乙烯醋酸酯为基本原料的。

58

原本只是实验室里的仪器
保温瓶的出现

在生活中,一般的瓶子和杯子只有贮存水的功能,但有一种瓶子却还能维持水温,保证让人们喝到热水,这种瓶子就是保温瓶。

保温瓶的出现很偶然,而最初发明它的人也没想到它会成为人们的日用品。

那是在大约公元 1900 年,苏格兰的物理学家詹姆斯·杜瓦有了一个惊人的发现。

他在实验室中用低温将气态的氢气压缩成了液态,当透明的液氢流入试管的一刹那,杜瓦忍不住要跳起舞来,他终于创造了低温物理学的奇迹!

可是现实马上抛给了杜瓦一个难题:该怎么保存液氢呢?

氢气变成液体的条件之一,就是极低的温度,可是在自然温度下,液氢却很容易转换成气态,所以即便制出液氢,没有低温贮存技术也没用。

"真可惜,一场辛苦要白费了!"杜瓦失望地说。

于是,他忙了一天制得的液氢全部还原,变成了氢气。

晚上的时候,杜瓦躺在床上,翻来覆去,怎么也睡不着。

他有点沮丧地想:如果一直不能让低温持续,那么自己的实验岂不是要功亏一篑了?

到底该怎么办呢?

他想:如果我造一间冷冻室,也许可行,还能保存很多实验用品呢!

可是很快他就打消了这个念头,因为建一个偌大的实验室不仅需要大量资金,保养起来也很不容易。

"算了,皇家学会是不会同意的!"杜瓦闷闷不乐地想。

他一夜无眠,第二天醒得有点晚了,便匆匆地起床,想早点去实验室。

"亲爱的! 等一下!"正在厨房忙碌的妻子见丈夫要走,着急地喊了一声。

"来不及了,我要走了!"杜瓦回应道。

妻子迅速走到杜瓦的跟前,塞给他一个布袋,叮嘱道:"这是你的早餐,到实验室后记得吃掉!"

杜瓦提了一下袋子,觉得很重,但他没有时间打开,就点了点头,然后飞快地出

125

了门。

到工作单位后,杜瓦将布袋放在自己的桌上,去跟同事们讨论起自己昨天的困扰。

大家对杜瓦的问题都很感兴趣,但他们最后也没想出一个好的解决方案。

临近中午的时候,杜瓦忽然想起妻子给的早餐还在桌上,这时他的肚子"咕咕"地叫起来,仿佛在抗议主人的虐待。

"可惜这些早餐不能吃了。"杜瓦无奈地摇摇头,打开布袋,准备把早餐扔掉。

谁知,杜瓦的妻子将早餐装在一个玻璃罐里,当杜瓦取出早餐的时候,他惊讶地感受到了食物的热气。

"太不可思议了!放了那么久,居然没有凉!"杜瓦大叫起来。

难道,是双层玻璃的功劳?他兴奋地想。

正在实验室里拿着杜瓦瓶的詹姆斯·杜瓦

于是,他立刻去街上找到了一个制造玻璃器皿的工匠,请他帮忙做一个连在一起的双层玻璃容器。

工匠让杜瓦过几天来拿,杜瓦连连点头。杜瓦回家后对妻子猛地一顿夸,差点让妻子以为丈夫得了精神病。

几天后,杜瓦要的容器做好了,他连忙到实验室里验证容器的性能。

可是让他失望的是,双层容器也不具备贮存液氢的功能。

杜瓦百思不得其解,只好暂时将这种容器放在了角落里。

几周之后,他开始接触到真空的知识,一下子茅塞顿开:真空可以破坏冷热之间的传导,如果把双层容器中的空气抽走,不就能达到无法散热的效果了吗?

他高兴起来,拿起角落里的容器,再度跑到工匠那里,请对方再做一个容器,工匠也满足了他的要求。

为了保护易碎的玻璃内胆,工匠还用镍镀在外层玻璃的表面,当杜瓦用这种容器装液氢时,他欣喜地看到液氢没有出现丝毫变化。

后来人们觉得杜瓦的双层玻璃瓶可以装热水,而且能持续保持高温,就都用它来装热水了。

大家都亲切地称这种瓶子为"杜瓦瓶",也就是如今的保温瓶。

起初保温瓶仅在实验室、医院和探险队中盛放液体,后来杜瓦想:既然它能使液体保温,那也能把热水保温。于是,人们开始用"杜瓦瓶"装热水。到公元1925年,"杜瓦瓶"开始慢慢应用到平民百姓家,它的保温作用,为我们的生活带来了很大的方便。

小知识

　　保温瓶的原理很简单:瓶有内壁和外壁;两壁之间呈真空状。真空中无法进行热传导和对流,而镀上的金属反射层可以反射热辐射。所以凡是倒入瓶里的液体都能在相当长的一段时间内,保持它原有的温度。

59 不小心发现的玩具

大受欢迎的"翻转弹簧"

公元1943年,对美国的海军工程师理查德·詹姆斯来说,是命运的转折年,他从未想过生活可以突然出现如此的惊喜。

那一天,他和同事克莱·沃森一起在造船厂做实验,他们准备了几个弹簧,想研究在海洋的巨浪中,弹簧能对精密仪器有着怎样的抗震作用。

两个大男人挤在一个狭小的地方,詹姆斯有点放不开手脚,他站起来,刚抬了一下胳膊,架子上的一个弹簧就被他碰倒在地上了。

詹姆斯刚想捡起弹簧,忽然,他的身体被"定"住了,目光也死死地盯着地上,一动也不动。

"嗨,伙伴,怎么了?"沃森打趣地拍了一下詹姆斯的肩膀。

"你看!"詹姆斯指着地面,惊讶地说。

于是,沃森也俯下身子去看。

只见地上的那个弹簧正弓着身子,一步步地向前"走"去,仿佛它是个机器人似的。

"哈哈,真有趣!"沃森笑着说完,便又去忙了。

詹姆斯却没有动弹,他还在注视着"行走"的弹簧,越看越觉得有趣,就将它装进口袋里,带回家给妻子贝蒂看。

贝蒂是个很有想法的女人,她说:"不如我们把弹簧做成玩具吧! 肯定有不少孩子会喜欢呢!"

笑意顿时洋溢在詹姆斯的脸上,他赞许地对贝蒂点头道:"我也是这么想的!"

夫妻俩一拍即合,开始讨论如何制作这种玩具。

其实做法并不难,因为弹簧是靠重力和惯性行动的,只要让弹簧保持一定的张力,就能动起来。

詹姆斯和贝蒂忙碌了好几天,终于做好了一个呈半圆形的弹簧,弹簧的两端可以平放在地上,当把这种弹簧放在滑梯上时,它就能一扭一扭地向下走动,仿佛在走楼梯似的。

爱美的贝蒂还给弹簧涂上了粉红色的油漆,于是它看起来像一个非常可爱的小玩具了。

"我去拿给邻居家的小孩玩,看他们喜不喜欢。"贝蒂征求着丈夫的意见,她其实心里并没有底。

"好啊,回来时告诉我这个东西有多受欢迎!"詹姆斯笑着说。

于是,贝蒂就去敲邻居家的门。

当她把粉红色弹簧的玩法展示给孩子们看时,孩子们接连地惊叫起来,他们饶有兴趣地拨弄着弹簧,居然足足玩了一个钟头。

贝蒂这下雀跃万分,她回来时一把抱住丈夫,大笑道:"我们要发财了!"

为了给这种弹簧玩具取个名字,贝蒂一页一页地翻字典,终于,她找到了一个代表性的词——Slinky,于是让全世界儿童着迷的玩具——"翻转弹簧"便诞生了。

让孩子着迷的"翻转弹簧"

公元 1945 年 11 月,由詹姆斯夫妇发明的"翻转弹簧"在费城的金贝尔斯百货商店上架。

让商家惊喜的是,400 个"翻转弹簧"居然只用了一个半钟头就售罄了,为此詹姆斯夫妇不得不加大"翻转弹簧"的生产量。

后来,夫妻二人成立了专门生产"翻转弹簧"的公司,并进一步对这种玩具进行了改进,将其变为动物的模样,如弹簧狗、弹簧毛毛虫等。

直到今日,"翻转弹簧"依旧盛行不衰,从它诞生之初到现在,它已在全球卖出了三亿的数量,着实令人惊叹。

小知识

翻转弹簧的英文名字叫 Slinky,是一种螺旋弹簧玩具。

值得注意的是,Slinky 不仅仅只是游戏室里的一件小玩具:在美国,高中教师和大学教授曾用 Slinky 做教具讲解波的特征;在越战中,Slinky 还曾是美国军方用的可携式天线;NASA 甚至把 Slinky 带上了航天飞机,用于零重力下的物理实验。

Slinky 还入选了美国玩具工业协会(Toy Industry Association)评选的"世纪最佳玩具"名单(Century of Toys List)。

60

电流居然可以起死回生

神奇的心律调节器

心脏是人类血液运输的中转站,如果它有了毛病,那可就不妙了,因为这时候,人的健康就会大打折扣。

由于心脏特别重要,而很多人又有心脏病,所以医生们在很早以前就进行过对心脏的研究。

公元 1867 年,英国医生在进行动物实验时发现,用一个带电的针去刺激动物骤停的心脏,可让动物重新获得心跳。

欧洲的记者们开始大肆报道这项惊人的发现,而医生们也跃跃欲试,想在病人身上试验电流的作用。

在一个深夜,一名 46 岁的女工被紧急送进了德国普鲁士地区的一家医院。

这名病人之前做过胸部肿瘤手术,由于左侧胸前壁部分被切除,她的体形逐渐发生了改变,最后心脏外露,仅有一层薄薄的皮肤遮盖在心脏的外面。

病人被送过来后,她的心跳越来越微弱,主治医生看后,一脸凝重地告诉病人家属:病人可能撑不过今晚了!

家属一听都怔住了,这时病人的丈夫猛地跪在地上,抱住医生的腿,号啕大哭道:"求求你! 救救她吧! 我不能没有她!"

所有人见此情景都有点心酸,医生想了想,叹了口气,对跪在地上的男人说:"我会尽力救她,但不能保证一定成功。"

"可以的! 谢谢你!"男人感激涕零地说。

这名医生怎么会突然想到了挽救垂死女工的方法呢?

原来,他是要赌一把,看看电流是否能使人的心跳恢复正常。

当晚,主治医生面色凝重地穿好手术服,将病人抬进了手术室。

在明亮的灯光下,医生看到女工的心脏正在胸腔那层薄如蝉翼的皮肤下沉重地跳动,他暗暗握了握拳,然后拿起两根电针,开始对病人的心脏进行刺激实验。

整个手术过程非常紧张,医生怕病人受不了电流的刺激而当场死亡,而人心被电击的状态,又让人大为不忍。

医生每使用电针一次,都会问一下护士:"心跳如何?"

护士则如实相告："没有变化。"

但渐渐地,病人的心跳变快了,她胸腔中那颗原本像死鱼一样的心脏开始鲜活地跳动起来。

最终,那颗差点坏掉的心脏恢复了正常。

"成功了!"所有在场的医生都激动不已。

这次手术被记入了医学史册,这是人类历史上第一次进行的电击心脏手术,因而具有划时代的意义。

后来的医生都从这次手术中获得了极大的启发,也更加认识到电流与心脏密不可分的关系。

到了 20 世纪 50 年代,纽约州立大学的一个副教授威尔森·格雷特巴奇也展开了对心脏的研究工作。

那时已经出现了心律调节器,可是那种机器非常大,像一台电视机一样,病人要想治疗心脏病就只能一次一次地住院,非常不方便。

格雷特巴奇教授于是就想制造一台小型的心律调节器,这样的话,如果情况紧急,医生也可以拿着小一点的心律调节器去病人家里,为治疗争取一些时间。

当他尝试着将一块电阻为一万欧姆的电阻器放入心脏记录原型物上时,赫然发现电路产生了一个信号,这个信号跟人体的心跳非常相似。

"怎么回事? 昨天试验时也没出现这种情况啊?"格雷特巴奇惊奇地说。

他仔细检查了一下设备,最后发现问题出在电阻器上。

原来,电阻器被他不小心换成了一个一兆欧姆的电阻器,于是便有了令人吃惊的效果。

威尔森·格雷特巴奇

格雷特巴奇教授顿时欢天喜地,他意识到心脏科学的发展又进了一步,一种能精确控制心跳的工具即将诞生。

随后,教授发明了可植入人体的心律调节器,这项 20 世纪的伟大发明挽救了无数人的生命,同时它还能治疗很多心脏问题,是病人们的福音。

61

关键时刻带了一颗糖

微波炉的产生

做饭对人们而言是一件需要花费很多时间的事情,怎样才能让它变得简单,是一个值得去深究的问题。

于是,只需要"叮"一下就能加热食物的微波炉诞生了,它的出现省了很多时间,因此每个家庭几乎都会将微波炉作为厨房里的必备物品。

微波炉产生于20世纪中期,它的出现要感谢美国工程师珀西·勒巴朗·史宾塞。

其实史宾塞在小时候并没有接触过高科技的东西,他在18岁那年就加入了海军,半年后因伤退役,来到美国潜水艇信号公司工作,这才有机会去了解各种电器。

他虽然启蒙得晚,但人很聪明,又特别勤奋,因此掌握了不少技术。

一年后,年轻的史宾塞跳槽到以电子管制造业为主的雷声公司,并荣升为部门负责人,此后他进行了大量的发明,成果之丰富,连资深科学家也对他刮目相看。

有一天,史宾塞去公司上班,在过马路的时候,他看到一个孩子摔倒了,就帮忙过去搀扶。

小孩子被史宾塞扶起后,很懂事地从口袋里掏出一颗水果硬糖,奶声奶气地说道:"叔叔,谢谢你!"

史宾塞没有推辞,微笑着接过了孩子的糖,并将糖塞进了裤袋里。

到公司后,他便直奔工作岗位。

这时候,他从一台微波发射器前走过,同时感觉出身体有点发热,但他没有留意,而是走到同事身边,和他们攀谈了起来。

不久后,史宾塞将双手插进裤袋里,他摸到了一个黏糊糊的物体。

"哦!这是什么?"他叫起来,把那东西掏出来一看,原来是一颗熔化了的糖。

他这才想起上班前的一幕,不免觉得有些好笑。

不过,这种硬糖是不会轻易熔化的,怎么会变成这个样子呢?

史宾塞突然想起经过微波发射器时的情景,那种身体微微发热的感觉让他记忆犹新,或许,答案就在微波上。

他再度来到微波发射器前,发觉每当他面对着发射器的喇叭时,手心都会出汗,而脸颊也微微地发烫。

下一次,史宾塞干脆带了一袋玉米粒来,他把一些玉米粒放在微波发射器的喇叭口,然后目不转睛地观察着。

不一会儿,玉米粒逐渐膨胀起来,并发出了"砰砰"声,最后变成了爆米花,就跟被火烤了一样!

史宾塞这才相信微波真的有加热功能,他兴奋地将自己的发现告诉了公司,并请求公司资助自己制造微波炉。

雷声公司同意了史宾塞的请求。

公元1947年,第一台家用微波炉问世,史宾塞还做了一个姜饼实验,他将切成薄片的姜饼放在微波炉内烹饪,结果一分钟后,香喷喷的味道充满了整个房间,这证明微波炉是完全适合家庭日常使用的!

后来,发明家乔治·福斯特也加入微波炉的制造中,他与史宾塞合作设计了更加耐用且价格便宜的微波炉,对微波炉的推广发挥了不可磨灭的作用。

小知识

　　微波炉的加热原理:利用其内部的磁控管,将电能转变成微波,以每秒2450 MHz的振荡频率穿透食物,当微波被食物吸收时,食物内之极性分子(如水、脂肪、蛋白质、糖等)即被吸引以每秒钟24.5亿次的速度快速振荡,使得分子间互相碰撞而产生大量的摩擦热,微波炉即利用此种由食物分子本身产生的摩擦热,里外同时快速加热食物的。

总令人失望的"塑料"

被埋没的强力胶

很多人都知道,强力胶是一种非常实用的胶水,用它来黏东西,基本上不会掉落。

可是发明它的人当初却嫌它黏性太强,这是怎么回事呢?

原来,在公元1942年,曾经享誉全球的柯达公司里,有一位名叫哈里·库弗的博士想发明一种可以贴在武器瞄准镜上的透明塑料纸,以便让镜头更加清晰。

柯达公司是以生产照相机等光学器材为主的大企业,库弗博士的想法不仅可以帮助战场上的士兵,对公司的发展也是一大提升。

于是,公司很快批准了库弗的项目请求,并拨给他一大笔资金,帮助他完成发明。

库弗是个要求极高的人,他经过日夜钻研,终于制出了一种叫氰基丙烯酸酯的材料。接着,他将这种化学塑料剥离成一层薄如蝉翼的薄膜,贴在镜头上,发现确实能使镜头的精度提高不少。

库弗稍感欣慰,他还想继续改进这种塑料,谁知没过多久,他就郁闷起来。

因为此时他才察觉氰基丙烯酸酯的黏性实在太强了,先前贴在镜头上的薄膜根本取不下来,结果做实验用的那些昂贵的光学镜头就被浪费了。

库弗非常恼火,在尝试了各种办法后,他决定弃用氰基丙烯酸酯。

他将装有这种塑料的容器统统扔到了垃圾箱里,并发誓再也不想看到这种化学制剂了。

一晃三年过去了,装有氰基丙烯酸酯的垃圾箱一直在柯达公司的实验室外静静立着,它不会告诉世人,它里面装着一个天大的发明,而前来倾倒垃圾的工人也从未留意过垃圾箱的底部,即使他们发现有"脏东西",也一直都没能取下来。

公元1945年,美国向日本投了两颗原子弹,造成巨大的伤亡。

这时,库弗才悲哀地感觉到,他原先的设想是没有必要的。

的确,再怎么提高武器的精度,也比不过原子弹的一次攻击。核武器的威力如此之大,根本不需要精确瞄准。

公司也意识到这点,收回了库弗的项目资金,这让库弗既无奈又沮丧。

一天,库弗发现自己钥匙弄丢了,他在四处寻找无果的情况下,担心钥匙被扔进了垃圾箱,就在垃圾箱里找起来。

但是,他没有找到钥匙,却意外地发现那些装有氰基丙烯酸酯的容器依旧牢牢地黏在箱底。

"这是上天故意要来嘲笑我吗?"他勃然大怒,伸手就去拔容器。

谁知他使出了吃奶的力气,容器却纹丝不动,库弗不信邪,又请来一个强壮的同事帮忙,结果仍以失败告终。

"怎么黏性这么强?都三年了! 难道它从未脱落过?"库弗在心中起了疑问。

广岛核爆炸产生的蘑菇云

既然如此,那它的功能岂不是异常强大?

库弗心头的阴霾终于消散了,他大笑不止,觉得老天待自己并不薄,这么好的东西,居然让他失而复得了!

于是,库弗兴冲冲地找到老板,请求生产氰基丙烯酸酯。

他亲自演示了氰基丙烯酸酯的神奇功能,最终把老板说得动了心,在不久后,以氰基丙烯酸酯为原料的一款胶水——"伊斯曼九一〇"就诞生了。

有了产品,该怎么去推广呢?

公司的市场部想出了一个鬼点子,他们将一辆轿车用吊车高高吊起,放置在马路上,同时告诉人们,轿车之所以不会掉下来,是用了"伊斯曼九一〇"的结果。

人们顿时目瞪口呆,大呼"疯狂",柯达公司趁机打出口号:"记住,在它完全在管子上凝固前,你只能用一次!"

在强大的宣传之下,"伊斯曼九一〇"一路畅销,而它也催生了强力胶市场,让这种拥有强大黏性的胶水越来越多地为人们所用。

小知识

氰基丙烯酸酯是属于丙烯醛基的树脂,当把强力胶涂在对象表面时,溶剂会蒸发,而对象表面或来自空气中的水分(更准确是水分所形成之氢氧离子)会使单体迅速地进行阴离子聚合反应形成长而强的链子,把两块表面黏在一起。由于其聚合过程是放热反应,所以可以发现其温度会轻微上升。由于溶剂(丙酮)在其中蒸发,所以使用强力胶会嗅到一些难耐的异味。

63

碰翻瓶子后的喜剧效果

化学家与安全玻璃

玻璃是易碎品,需要小心安放,可是在警匪片中,我们却经常看到歹徒去银行抢劫,却砸不坏银行柜台的玻璃,这是怎么回事呢?

原来,柜台上的玻璃可非等闲之辈,它们叫作安全玻璃。

顾名思义,安全玻璃就是很安全的意思,曾经有一位总统坐车回家,途中遭遇歹徒的伏击,就算他的轿车被子弹打得稀巴烂,车玻璃却一点都没碎,因而总统保住了性命。

为何容易破碎的玻璃会大显神威?这都要归功于发明它的第一人——法国化学家贝奈第特斯。

在公元 1907 年的一天,贝奈第特斯像往常一样在实验室里努力工作,他将几种溶液混合在一起,想看一看最终的反应结果。

由于这个实验非常复杂,需要用很多容器,贝奈第特斯就拿了很多瓶瓶罐罐堆在实验台上,以备不时之需。

突然,烧瓶中的混合液迸出明亮的火花,并发生了小型的爆炸,贝奈第特斯被吓了一跳,他惊叫一声,右手不由自主地往旁边一扫。

顿时,各种玻璃容器"哐当哐当"地滚落下来,倒了一地,实验台上一片狼藉。

贝奈第特斯大呼头痛,因为有些掉落的容器里面还装有化学品,这意味着他先前的工作都要推倒重来。

由于怕化学溶液腐蚀地板和实验台,他赶紧戴上手套,捡拾那些被他搞砸的容器。

大多数玻璃试管和烧杯都碎掉了,被贝奈第特斯送进了垃圾桶,不过有一个玻璃瓶没有破掉,被贝奈第特斯随手放到了一边。

贝奈第特斯清理完地上的溶液和玻璃碎渣后,他累得气喘吁吁,这时,他忽然想到还有一个没被打破的容器需要清洗,不由地疑惑道:为什么从那么高的实验台上摔下来,这个瓶子却没有破呢?

带着疑问,他仔细检查了玻璃瓶,发现瓶身上只有一些细小的裂纹,除此以外,再无其他伤痕。

奇怪的是,制作瓶子的玻璃并不厚,和其他玻璃容器的材质差不多,也就是说,它原本也该变成一堆碎片的。

"太不可思议了!肯定是瓶子里溶液的问题!"贝奈第特斯嘟囔着,仔细观察着瓶子里的残液。

原来,这个玻璃瓶里装的是硝化纤维溶液。

贝奈第特斯又在一个玻璃瓶中装上硝化纤维溶液,过了一会儿再将溶液倒出,发现瓶子的内壁上有一层透明的薄膜,而正是这个薄膜,把瓶子牢牢地黏在了一起。

"看来玻璃易碎的历史要改写了!"贝奈第特斯兴奋地搓着手。

他决定造一种打不碎的玻璃出来。

不过,光是用一层薄膜粘贴玻璃,玻璃的硬度还是不能增加多少,贝奈第特斯想试试有没有比硝化纤维更抗摔的材料,但他找了很久,并没有发现更好的替代物。

有一天,他忽然想到,既然一块玻璃硬度不够,两块玻璃不就坚固多了吗?

于是他就在两块玻璃的中间涂抹上一层硝化纤维溶液,终于做出了世界上的第一块安全玻璃。

如今,安全玻璃发挥了巨大的作用,它不仅能抵抗人力的摔打,还能抵御地震等自然灾害所带来的巨大伤害,而这一切,多亏了贝奈第特斯在实验室的那一次意外!

小知识

你知道吗?安全玻璃最初竟然是被用于第一次世界大战时所生产的防毒面具上的。直到夹层材料改良为聚乙烯醇缩丁醛(PVB)后,安全玻璃才在汽车上大行其道,更成为政府强制的安全标准配置。

64

被毒果麻倒的名医

第一个发明麻醉剂的华佗

　　医学上用的麻醉剂是很多手术病人的福音,少了它,不知有多少人要忍受疼痛的折磨。

　　虽说在近代中国,麻醉剂是从外国引进的,但在世界医学史上,有一个中国人却是大家公认的发明麻醉剂的鼻祖,他就是三国时期的名医华佗。

　　华佗所生活的年代,各诸侯国之间战争不断,人们饱受折磨,身体大多很羸弱。

华佗

　　华佗抱着悬壶济世的决心为百姓看病,遇上没钱的病人,他还免费帮人医治,因此成为大家心目中的"神医"。

　　在华佗医治的病人中,很多是从战场上抢救下来的战士,他们都伤得很重,需要进行截肢、剖腹等大手术。

　　可是当时并没有一种能帮助病人忍受疼痛的药物啊!

　　结果,华佗只能眼睁睁地看着病人承受巨大的痛苦,他的心中充满了愧疚和无奈。

　　怎样才能让病人轻松地度过手术呢? 华佗真是一筹莫展。

　　有一次,他给一个肠道坏死的病人开刀,由于担心病人太痛苦,华佗不敢轻举妄动,所以手术进行得非常缓慢,一直持续了三个时辰才完成。

　　最终,病人捡回一条性命,却把华佗给累坏了,他回到家中,一屁股坐在椅子上,让妻子做饭给自己吃。

　　华佗的妻子炒了几盘菜,又沾了一壶酒,让饿了一天的丈夫享用。

　　华佗真的是太累了,他自斟自饮,居然把一斤酒全部喝完了,结果喝了个酩酊大醉,倒在桌上不省人事。任凭老婆怎么拍打华佗,华佗都没有醒,老婆只得无奈地摇摇头,将鼾声连天的丈夫扶到床上休息。

　　大约两个时辰后,华佗终于醒了,他见自己躺在床上,顿时非常惊奇,这时,老婆把他酒醉后的一切经过讲了一遍。

　　华佗恍然大悟,他觉得自己找到了让手术病人失去知觉的办法了,不由地大感快慰。

后来,他在手术过程中给病人灌酒,若逢时间不长的手术,他这招确实管用,但在做一些大手术时,由于时间太长,酒还是解决不了问题。

苦恼的华佗只好继续寻求麻醉方法。

一次,他被人叫到乡下行医,发现患者是个口吐白沫、双目紧闭的中年男子。

奇怪的是,这个病人的脉搏、体温都正常,呼吸也很平稳,不像重病缠身的样子,华佗便问病人家属:"他以前生过什么病?"

家属摇摇头,说:"他身体很健康,只是今天不小心吃了几朵臭麻子花,结果就变成现在这番模样。"

华佗听后便研究了一下臭麻子花,也就是洋金花,为了亲身感受一下此花的毒性,他就效仿神农氏尝百草的故事,将花放到嘴里嚼了下去。

这一下不得了,连华佗自己也晕了过去。

病人的家属见医生也瘫倒在地,更加慌乱,大声呼喊华佗,见对方没有响应后,就使出了浑身解数,用针刺、水淋、火烤等方法来弄醒华佗。可惜任何方法都不管用,华佗睡了大半天,才悠悠地醒过来。

"医生,你吓死我们了! 我们还以为你死了!"病人的家属冲上前去,握着华佗的手说。

华佗这才明白是臭麻子花让自己昏睡不醒,这时他还发现那名误吞臭麻子花的病人已经醒过来了,正满脸堆笑地站在一旁。

当得知臭麻子花能麻醉人后,华佗背了一麻袋这种药草回家,然后开始制造一种能使人昏睡不醒的药剂。

最终,他发明了"麻沸散",这就是人类历史上的第一款麻醉剂。

华佗用麻沸散给不少人动了手术,从此,病人的痛苦明显减轻,华佗的医术也更加为人称道。可惜的是,后来华佗被曹操杀害,麻沸散也就失传了,让古今中外无数医学家为之扼腕叹息。

小知识

　　欧洲人在古代乃至中世纪治疗疾病需要动手术的时候,往往运用放血疗法。实在需要动手术时,只有动作迅速来减轻痛苦。直到公元 1844 年,美国人柯尔顿才使用笑气(一氧化二氮)做麻醉药,但效果不理想。公元 1848 年美国人穆尔顿使用乙醚做麻醉药,得到广泛应用。

65

差点让公司破产的"清洁剂"

黏土

大家小时候可能都玩过黏土,因此也都知道这个东西能被随意捏成各种形状,是一种非常有趣的玩具。

当然,电影艺术家会将黏土拍成动画片,这是黏土的又一大用途。

除此之外,黏土便再无其他功用了,这是否可以说明:当初造黏土的人,是一个极其热爱孩子、专注于孩子智力发育的教育家呢?

事实却并非如此。

黏土产生于 20 世纪 40 年代的美国,当时的人们正忙于应对激烈紧张的战争,哪有心思去考虑孩子们的教育问题呢?

实际情况是这样的:当时的飞机、战车被大量应用到战场上,导致轮胎的主要原料——橡胶的需求量大幅度上升,各国都在争夺橡胶资源,这势必造成橡胶的供不应求。

美国也对橡胶资源虎视眈眈,可是在战争年代,如何让橡胶穿越火线,安全抵达国内也是个问题。因此有人便想了一个办法,那就是人工合成橡胶。

此人是通用电气公司的工程师,名叫詹姆斯·怀特,他向公司提议全力制造人工橡胶,以便公司成为美国的军火商之一。

考虑到政府资金充足,且出手大方,通用公司思虑再三后,表示将无条件支持怀特的发明。

于是,怀特就和他的同事们展开了对合成橡胶的研究。

怀特发现硅油的耐热性、绝缘性、疏水性、抗压性、耐磨性都和橡胶差不多,且这种物质也不容易发生化学反应,应该是制造人工橡胶的绝佳物质。

同事们都很赞同怀特的观点,大家针对硅油进行了数次改造,不过遗憾的是,他们造不出和橡胶一样坚硬的物质。

怀特没有放弃,决定在硅油中添加其他物质进行尝试。

当他使用到硼酸时,一种奇特的物质产生了。

该合成物既柔软又有弹性,还能被轻易塑造成各种模样,而且黏性非常大,甚至可以被用作清洁双手的物品。

140

"这玩意儿好是好，可是我们要的是橡胶啊！"怀特遗憾地说。

他们继续实验，然而花了几年的时间，他们始终没有发明出可与橡胶相媲美的东西。

通用公司这下着急了。

为了合成橡胶，公司投入了大量的人力和资金，已经赔了很多钱，如果再不拿出盈利的商品，只怕要面临破产危机。

怀特也很着急，这时他想到了自己曾经发明过的那种黏性极强的"清洁用品"，就对公司提议生产这种清洁剂。

通用公司此时已经有点病急乱投医了，立刻听从了怀特的建议，让"清洁剂"面向市场。

一开始，市民们对这种清洁剂感到好奇，就买回家尝试使用。

可是很快人们发现，这种清洁剂的清洁功能并不强，却反而容易黏在手上，要命的是，它还有股怪味道，闻起来让人感觉不舒服。

于是，人们逐渐冷落了此种清洁剂。

然而，让通用公司宽慰的是，很多孩子居然背着书包来买清洁剂。

原来，这些孩子玩父母买回来的清洁剂，觉得非常好玩，就萌生出要买更多的愿望。

到了那年圣诞节，孩子们还用它来装饰圣诞树，让清洁剂的销量比平常翻了一倍。

通用公司在调查过后，迅速改变策略，将清洁剂改名为"黏土"，只做成针对孩子的玩具。

后来，公司又在黏土中添加了芳香剂和增色剂，于是黏土变得香喷喷的，而且拥有了很多颜色，越发受孩子们的欢迎。

小知识

保存黏土时最好拿保鲜袋装着放进冰箱，如此一两个星期不成问题。这么长时间后基本上也玩脏了，可以扔掉了。做好了的漂亮模型不舍得摧毁的最好也这样保存，否则放在外面久了容易风干。

蛋糕烤盘的变废为宝

运动用的飞盘

飞盘是一项非常简单的运动，只需要一个碟状圆盘，一群人就能聚在一起玩得不亦乐乎。

这种运动到底是谁想出来的呢？

其实，最初飞盘并非用于娱乐，而且它也不是现在的模样，它的雏形，竟然是一个蛋糕烤盘。

在 19 世纪，有一位名叫威廉·阿瑟·福瑞斯比的美国面包师，他辛辛苦苦打工赚钱，在赚得一笔资金后，就开了一家馅饼店，还用自己的名字为店命名。

由于福瑞斯比手艺精湛，他的馅饼特别受人欢迎，这种馅饼装在一个锡制的薄盒子里，这样即便过了一段时间取出来，还能冒着热气呢！

福瑞斯比馅饼店就在耶鲁大学附近，所以学生是店里的主要客户，不过他们不太爱清洁，宿舍里总是堆满了馅饼盒。

学生们爱开玩笑，有时候他们会向舍友扔馅饼盒，时间一长，他们竟然发现了其中的乐趣，开始相互抛掷盒子。

大家逐渐掌握了投掷的技巧，懂得将盒子平行放置，然后让其在空中旋转，便能让它平稳地飞向要接住盒子的人。

不过，盒子是用锡制成的，容易伤到别人，所以投掷的人往往会先大喊一声"福瑞斯比"，然后再将盒子抛向空中，因此人们就称这项运动为"福瑞斯比"了。

后来，这项运动从耶鲁大学传到了新英格兰地区的各大学校，学生们都喜欢在饭后拉帮结派扔一下盘子，而后周边的居民也学会了投掷，一时间，空中的盘子此起彼伏。

当时的人们在投掷"福瑞斯比"时是就地取材，一切可以被扔向高空的薄物都是他们的玩具。

到了公元 1937 年，有一次美国犹他州的青年华特·莫里森与女友去海滩度假，他们在吃完一块蛋糕后，发现蛋糕底部的圆形烤盘是锡制的薄片，于是莫里森笑着建议："我们来扔福瑞斯比吧！"

女友欣然同意，两人玩得兴高采烈。

此时，有一个孩子看到他们两人的烤盘，羡慕不已，顿时大哭起来，要自己的父亲也给他弄一个盘子过来。

做父亲的没有办法，只好走到莫里森身边，恳求道："你好！我的儿子想玩你们的盘子，我愿出两美元购买，请问可以吗？"

莫里森和女友停止了嬉戏，他们交谈了几句，将盘子递给了出钱的男人。

这时，莫里森察觉到了福瑞斯比的受欢迎程度，他决定改进这种玩具，使其成为市面上畅销的产品。

于是，他模仿蛋糕烤盘的形状造了一个圆形的金属盘，但无论他把盘子造得多薄，这种盘子在飞行的时候还是容易砸伤别人。

"不行，不能让人戴着头盔，穿着盔甲来玩投掷游戏，这样顾客肯定会很少的！"莫里森心想。

八年后，他以塑料为材料，制出了一个圆形的塑料盘子，这就是世界上第一个飞盘。

莫里森将其命名为"飞行浅碟"，人们干脆就称其为飞盘。

制造商很快听说了飞盘的大名，他们千方百计找到莫里森，并说服对方将制造权转让给了自己。

在公元 1958 年，福瑞斯比馅饼店停业一周年之际，美国加州的 Wham-O 公司成立，在接下来的几个月内，新型"福瑞斯比"飞盘及各种投掷技巧也被开发出来，激起了全美国的兴趣。

又过了九年，国际飞盘协会在洛杉矶成立，飞盘正式成为人类的活动项目之一。

小知识

　　公元 1964 年，艾德·黑德里克开发出第一个职业运动级的新飞盘，并由 Wham-O 公司制造销售。公元 1967 年，黑德里克在洛杉矶成立了国际飞盘协会，随后又主导确立许多飞盘运动项目的规则，因而被誉为"飞盘运动之父"。

IFA 国际飞盘协会

67

浪费粮食后得到惊人美食

杜康与酒

浪费粮食是一种不好的行为,中国古诗句就有云:谁知盘中餐,粒粒皆辛苦。而在任何国家,对粮食的不珍惜都是会遭人鄙视的行为。

在四千年前,有一个叫杜康的王子身负国仇家恨,率领前朝臣民隐居在一片山谷中,他们的仇家此时已经登上了国王的宝座,并拿出重金,四处悬赏捉拿杜康。

杜康的父亲,也就是前朝国王,因被现任国王夺位而被迫自杀,所以杜康从未忘记这个血海深仇,他暗下决心:一定要养精蓄锐,伺机东山再起!

杜康招募了一支军队,因而需要很多粮草。

为了储存食物,他把每一年收获的粮食都藏在了附近的山洞中。

然而,他并不知道,山洞的岩缝中经常会渗水,于是时间一久,那些粮食都发了霉,再也不能吃了。

一开始杜康并不知情,有一年发生了旱灾,百姓们的收成锐减,大家想借存粮来果腹时才得知了这一情况。

看着百姓们一个个面黄肌瘦的样子,杜康很自责,他觉得自己犯下了极大的过错,应该尽力去弥补才行。

第二年,上天终于厚待了杜康的族人,给了百姓们充足的粮食。

杜康很高兴,这下大家终于不必担心挨饿了!

但他随即又担忧起来:这么多粮食,该往哪里放呢?

他开始在山上四处寻找,希望找到一处合适的存粮地点。

这天,他走到山腰的一块空地上,发现一片桑树林,其中有几棵桑树已经枯死,却仍旧僵硬地挺立在大地上。

杜康敲了敲死树的树干,立刻听到里面传来空洞的声音,他心头一喜,将一块树皮挖开一看,树干果然空空如也,且十分干燥,一定是储存物品的绝佳地点。

杜康欣喜若狂,他赶紧让人将粮食抬进桑树林,然后把枯树掏空,将粮食填进树干中。

"看到了没有,这些树洞非常干燥,粮食是不会坏掉的!"杜康笑容满面地说。

大家纷纷点头,也觉得这个主意不错。

也许上天不想再让杜康内疚,此后的几年里,一直风调雨顺,粮食多得连树洞也塞不下了,百姓们只好在自己家里建了粮仓,把粮食存放起来。

时间一长,谁还记得那些在树洞的粮食?

唯独杜康没有忘,他觉得人算不如天算,万一哪天又有天灾,那些粮食可以备不时之需。

这年夏天,杜康想去山上走走,看看树洞里的粮食是否还安好。他走到山腰上,惊讶地发现枯树旁边聚集了很多动物。

杜康数了一下,树洞旁边至少有四只兔子和三只山羊,另外地上还有一只野猪。

他以为野猪是撞树而死,不由激动地心脏"怦怦"直跳。

这些年来,百姓们多以素食维生,吃野味的机会很少,如今正好可以改善伙食啦!

他刚想走近野猪,不料野猪却站了起来,杜康见势不妙,赶紧藏在一棵大树的后面。

野猪用力晃着脑袋,仿佛还没清醒似的,过了很久,它才甩开四肢,飞快地离去了。

待野猪消失,其他动物才敢再次出现,那些羊和兔子又跑到树洞旁边,对着树皮舔起来。

杜康很好奇:树皮有什么好舔的?

突然,他猛地担心起来:会不会是树皮破了,动物们在吃粮食?

这下,他再也待不住了,从树后飞快地闪出,想要赶走那些动物。

山羊和兔子被杜康这么一吓,转身想要逃走。

不料,这几只动物刚走了没几步,身体就摇摇晃晃起来,不一会儿,它们就倒在了地上,像死了一般。

杜康有点莫名其妙:自己声音的威力有这么大吗? 可以吓死动物?

他走近一看,发现那些动物还有呼吸,并没有死,只是睡着了。

也许是树皮的原因!

杜康走到树洞前,立刻闻到一股浓烈的香味,并且看到一股透明的液体正在从树洞中溢出。香味正是从液体中散发出来的。

杜康觉得事有蹊跷,为了搞清楚缘由,他也舔了舔液体。

瞬间,一股香味满口满鼻地溢开了,让杜康大呼"好吃",他接连饮用了很多液体,结果脑袋开始昏沉起来,最后他竟然也倒在地上,不省人事。

百姓们发现杜康不见了,就到处找他,终于在枯树旁边发现了晕倒的杜康。

大家以为杜康没命了，都大哭起来。

正当人们想要为杜康准备后事时，杜康忽然睁开了眼睛，把所有人都吓了一跳。

聪明的杜康很快明白了事情的前后经过，他哈哈大笑："快把树洞里的粮食搬回去，我要给你们做一种神奇的水！"

人们听罢都欢呼起来，将树洞里的存粮搬运一空。

后来，杜康就给大家做了一种液体，把所有人都灌醉了，他将自己的发明称为"酒"。

这就是酒的由来。

小知识

关于酒的发明，在中国古代主要有以下几种传说：

一、夏禹时期的仪狄发明了酿酒。《吕氏春秋》记载："仪狄作酒。"汉朝刘向汇编的《战国策》则进一步说明："昔者，帝女令仪狄作酒而美，进之禹，禹饮而甘之，曰：'后世必有饮酒而之国者。'遂疏仪狄而绝旨酒（禹乃夏朝帝王）。"

二、酿酒始于杜康。东汉《说文解字》中解释"酒"字的条目中有："杜康作秫酒。"《世本》也有同样的说法。

三、在黄帝时代人们就已开始酿酒。汉朝成书的《黄帝内经·素问》中记载了黄帝与岐伯讨论酿酒的情景，《黄帝内经》中还提到一种古老的酒——醴酪，即用动物的乳汁酿成的甜酒。

四、酒与天地同时。带有神话色彩的说法是"天有酒星，酒之作也，其与天地并矣"。

68

胡乱调配出的美味"药水"

可乐的意外发明

如果说现今最风靡的饮料是可口可乐,大概没有人会表示反对。作为碳酸饮料的鼻祖之一,可乐不仅成了避暑佳品,还让人们一年四季都在饮用它,大有要从零食变成必需品之势。

这种流行于全世界的饮料是谁发明出来的呢? 为了制造它,那个人一定花费了不少精力吧!

其实并非如此,可乐之所以能出现,完全是因为一个错误。

在 19 世纪末,一个炎热的午后,美国亚特兰大市的一位名叫约翰·斯蒂斯·彭伯顿的药剂师正想休息时,一个十来岁的男孩子碰巧来到他店里。

"哦! 真是的,为什么不早一点来!"彭伯顿嘟囔着。

他没好气地问:"孩子,你要买什么?"

"先生,你这里有没有治头痛的药水?"孩子怯生生地说。

"废话!"彭伯顿嚷道,"我开药店,怎么会连治头痛的药水都没有?"

孩子的脸红了,他小声地说:"我爸让我买一瓶古柯科拉。"

"嗯,你等着。"彭伯顿半闭着眼睛说。

他想尽快把药水给孩子,然后痛痛快快地睡一觉,谁知他找了半天,发现居然没有古柯科拉。

"糟了! 一定是卖完了!"彭伯顿嘀咕着,拍了拍自己的脑袋。

怎么办呢? 镇上只有自己这一家药店,如果连治头痛的药水都没有,说出去岂不是要遭人笑话?

彭伯顿苦恼不已,他赶紧搜寻着四周,想找一种能代替古柯科拉的药物。当他巡视柜台的时候,目光忽然被一瓶刚开封的古柯酒吸引住了。

是的,他平时就用古柯酒治头痛,尽管含有酒精,但应该也不会出错吧? 彭伯顿又安慰自己:反正是卖给成年人的,肯定不会有什么问题!

于是,他就自创了一种药水——将古柯酒与苏打水、糖浆混合,然后搅拌均匀,转眼间,一款深褐色的"镇痛药水"新鲜出炉!

"孩子,这给你! 以后中午的时候别再来打扰我休息!"彭伯顿说着,将药水递给小男孩。

孩子给了钱,拿着药水走了。

彭伯顿疲惫地往椅子上一躺,很快就进入了梦想。

谁知半个小时还没到,刚才那个小男孩居然又回来了,再次吵醒了彭伯顿。

一张公元一八九〇年代广告海报,一位穿着华美的女子在饮用可乐。广告语为"花五美分喝可口可乐",作品中的模特儿为希尔达·克拉克

"不是叫你中午别再过来吗?"彭伯顿揉着惺忪睡眼,满心不愉快。孩子似乎很难为情,他把零钱都摊在柜台上,请求道:"老板,我还想再买一瓶古柯科拉!"

彭伯顿惊奇地瞪大眼睛,疑惑道:"你爸爸还想再喝一瓶?"

"不不!"小男孩连忙摆手,他面红耳赤地说,"我爸说太好喝了,我也想尝尝。"

彭伯顿听到这番话,非常讶异,他刚想说小孩子不能饮酒,但转念一想:这样岂不是把我用酒配置药水的事情说出去了吗?

他只好再度配制了一瓶"镇痛药水",这一次,他自己也尝了一下,果真非常可口。

他把药水给了孩子,小孩欢天喜地地走了。

而后,彭伯顿陷入深思,他决定将自己偶然配制的药水在店里出售,他觉得肯定能大赚一笔。

这一年正好亚特兰大颁布禁酒令,彭伯顿只好去寻找能代替酒精的东西放入药水中。

后来他终于成功了,并将这种好喝的药水命名为"可口可乐"。

公元1886年,可口可乐在美国开始销售,如今已经成为全球最佳的畅销饮料。

小知识

公元1887年,彭伯顿在美国专利局注册了可口可乐"糖浆及浓缩液"商标,取得其知识财产权。同年,在一次幸运的意外中,有人把糖浆与苏打水混合起来,结果奇迹出现了,糖浆变身为一款可口的碳酸饮料,于是家喻户晓的可口可乐诞生了。

69

没钱买新衣服的另一种好处

橡胶工人的雨衣

橡胶树产于美洲,其树胶具有黏性,可被制成很多物品。

印第安人很早就发现了树胶这种物质,但他们只会把它放到嘴里去嚼,后来哥伦布发现了美洲,他对这种黏糊糊的东西很感兴趣,就将一个黑黑的橡胶球带到了欧洲。

从此,橡胶的用途才得以被发现,人们对其钟爱有加,将其制成各种生活用品。

后来,专门生产橡胶用品的工厂也多起来。

人们应该感谢橡胶这种东西,它创造了多少就业机会啊!

只是,更大的机会摆在英国的橡胶工人麦金杜斯面前,他却没有珍惜,直到失去了才后悔莫及。

有一天傍晚,正当麦金杜斯下班之际,天空忽然乌云遍布,不到一刻钟的时间便下起了狂风暴雨。

"鬼天气,看来要冒雨回家了!"同事对麦金杜斯抱怨道。

麦金杜斯看看天,担忧地说:"还是等一等吧,这雨实在太大了!"

麦金杜斯猜想着大雨会持续很长一段时间,于是就继续工作着。

这时候,下班的铃声响了,工人们吵吵嚷嚷地起身,准备回家,有些人运气好,带了雨伞,便高高兴兴地回家;大多数没带伞的人则挤在门口,犹豫着要不要冒雨回家。

麦金杜斯被喧闹声所影响,尽管他想多做点工作,但也变得有点心不在焉起来。

正当他再度观察天空时,一滴橡胶溶液滴落下来,刚巧滴在了麦金杜斯的新大衣上。

"该死!"他暗骂一声,便拿着抹布去擦拭溶液。

可惜溶液很快在衣服上凝固,而且牢牢地黏在上面,就像糨糊一样难看。

麦金杜斯非常心疼,这件衣服他刚穿了两三次,还准备穿着它出席朋友的婚礼呢!

由于自己是个穷人,麦金杜斯舍不得把衣服扔掉,况且这件衣服虽然被橡胶弄脏了,却没有损坏,而他别的外套都有洞呢!

后来雨小了一点,麦金杜斯就穿着这件大衣回家了。

到家后,他已经被淋成了落汤鸡,但奇怪的是,就算他的大衣跟泡在水里的一样,被橡胶溶液浸过的地方却是干的。

"怎么回事呀?"麦金杜斯自言自语道。

他想:反正大衣也湿透了,我干脆做个实验吧!

于是,他将大衣整个浸在水盆中,然后再捞出,看见水流如同瀑布一般,从大衣上"哗啦啦"地垂挂下来。

麦金杜斯摸着大衣上凝固着橡胶的地方,觉得此处并没有被水浸湿,不禁啧啧称奇。

过了几天,他的大衣完全干了,他再度穿着这件衣服去了工厂。

这一次,麦金杜斯的心中有了一个奇特的想法:他要将大衣涂遍橡胶溶液,让它真正变成一件不怕雨水的衣服。

经过他的改良,世界上的第一件雨衣便诞生了,以后麦金杜斯再也不怕下雨的天气,他穿着大衣风里来雨里去,却毫不担心自己会被雨水淋湿。

工厂里的工人们在得知麦金杜斯的做法后,都夸赞他头脑灵活,于是大家都学他自制起了雨衣。

最终,此事被一个叫帕克斯的化学家知道了。

帕克斯根据麦金杜斯的办法做出了一件雨衣,但他发觉雨衣硬邦邦的,穿上身一点也不舒服,要不是因为能防雨,谁愿意穿着它呢?

帕克斯决定改造雨衣,将其变成更适合人们穿着的衣物。

很快,他的举动便成了新闻,大家都知道帕克斯要造一种新式雨衣了。

有好心人提醒麦金杜斯:"这是你的专利啊!别让帕克斯这个家伙夺走!"

岂料麦金杜斯却无所谓地说:"算了吧!我只要有一件雨衣能在雨天上下班就足够了,其他的可没想那么多,做人要知足。"

十几年后,帕克斯用二硫化碳溶解了橡胶,发明了一种柔软的雨衣,他为此申请了专利,还将专利卖给了一个富商,获得了一大笔财产。

麦金杜斯得知消息后,不由得非常懊悔,但他也没有办法,只能看着机会从身边溜走,这真是一大悲哀啊!

小知识

不过,人们并没有忘记麦金杜斯的功劳,大家都把雨衣称为"麦金杜斯"。直到现在,"雨衣"这个词在英语里仍叫作"麦金杜斯"(mackintosh)。

为了让她不再无助

贴心的创可贴

世上有没有真爱？当然是有的。

公元 1901 年,美国一个普通工薪家庭的儿子埃尔·迪克森与当地富商的女儿马莉步入了教堂,尽管两人贫富差距悬殊,但这并不妨碍他们相亲相爱。

迪克森不是因为马莉有钱才看上她的,他喜欢的是马莉的善良和单纯。

马莉虽然从小就含着金汤匙长大,但她并没有公主病,待人也特别和蔼可亲。不过她的家人对她过度保护了,以致马莉直到结婚,仍是什么家务事都不会做。

"亲爱的,我真没用! 连饭都不会做!"婚后,马莉苦恼地对丈夫说。

迪克森怜惜地看着自己的妻子,宽慰道:"没事,在你学会之前,我来做给你吃!"

这时马莉的父亲因为担心女儿得不到良好的照顾,给小夫妻安排了好几个保姆。于是,迪克森每天去上班,而马莉则在家安心当着阔太太,日子过得很悠闲幸福。

可惜好景不长,厄运降临到他们的头上。

马莉的父亲因在生意场上得罪了人,被仇家暗杀了,这导致他的生意无人打理,于是,马莉家破产了。

宛若一夕之间从天堂掉进地狱,马莉手足无措。

迪克森安慰着妻子:"没事的,我们一定能渡过难关!"

马莉看着丈夫坚定的神情,也不自觉地点点头。

迪克森在一家绷带公司上班,而为了生活,从未打过工的马莉去了一家农场工作。

马莉努力地在农场学习如何打工,可是她的生活经验毕竟太少,几乎每天都会出现一些状况,严重的时候,还会把自己弄得遍体鳞伤。

每天晚上,迪克森回家后,发现受伤的妻子正躺在床上暗自啜泣,总会忍不住流下辛酸的眼泪。

"是我不好,让你受苦了!"迪克森泪流满面地说。

"不! 不要这样说!"温柔的马莉捂住了丈夫的嘴,她自责道,"都怪我不早点学习怎么生活,所以现在上天给了我惩罚!"

迪克森听妻子这么说,心里又是一阵难过,他默默地为妻子包扎伤口,同时暗自着急起来:这些伤口在受伤之初就得尽快打理,否则容易感染的呀!

怎样才能让自己不在时,妻子也能顺利包扎伤口呢?迪克森开始思考这个问题。

那个时候人们出现伤口,会先用纱布敷在伤口上,然后用绷带将纱布一圈一圈地包裹起来,这番举动需要两只手的通力合作才能完成。

马莉的右手经常受伤,她不可能单手进行包扎,迪克森便想了一个办法,他把纱布的一面涂上胶水,然后贴在绷带中央,这样就无须一手按纱布,一手缠绷带了。

迪克森的纱布、绷带二合一之法刚开始没有见效,因为绷带会因胶水的干结而卷曲起来。

后来,迪克森又找了一种不会变卷的绷带,他喜滋滋地让马莉试验。几天后,马莉撅着嘴告诉丈夫:胶水容易干,这样纱布就掉下来了。

为此,迪克森再度进行了很多实验。

最后,他发现一种材质粗硬的纱布能圆满地解决上述问题,而且这种纱布还容易被揭下来,不会黏在手上。

此后,马莉再也不用担心受伤了,当然,这和她工作的熟练程度也有关系,她做起事情来越发得心应手了。

当迪克森发现自己发明的绷带效果非常好时,就找到了公司高层,阐述了自己的想法。公司对迪克森的思路非常器重,任命他为产品经理,并决定推出迪克森的绷带。

后来,迪克森成为公司的副总,而凝聚着他对妻子无限关爱的绷带则变成了如今的创可贴,为人们讲述着一对夫妇缠绕在指尖的爱情故事。

小知识

迪克森发明的这种绷带为他带来了好运,他所在的公司主管凯农先生将它命名为 Band-Aid,也就是邦迪。接下来,公司就把邦迪作为急救绷带产品的名称,因此这种创可贴也开始销往世界各地。

71

孩童嬉戏的产物

就在身边的望远镜

每个人小时候都喜欢玩,对着一件再正常不过的东西往往能玩个老半天,可别小看了孩子们的小打小闹,或许能做出一些惊天动地的发明来呢!

在四百多年前的荷兰,有一座叫米德尔堡的小城市,有几百户人家在那里安居乐业,过着平静而闲适的生活。

当时眼镜还没有普及,所以视力问题一直困扰着老百姓。

于是,城里一个叫利珀西的商人开了一家眼镜店,为人们提供各种提高视力的服务。

由于全城仅此一家眼镜店,利珀西的生意特别好,而且他的脑子又特别灵活,所以顾客络绎不绝,乐得利珀西连睡觉都在笑。

利珀西有三个儿子,都特别调皮,经常在店里打闹。

利珀西为了做生意不被打扰,便总是将孩子们轰到店后面去玩,不过孩子们更喜欢去楼顶嬉戏。

好在利珀西从不知道儿子们玩耍的地点,否则他要是得知孩子们在没有护栏的楼顶上,一定会吓得连生意也不做,立刻跑到楼上将这些小顽皮给揪下来。

利珀西有个纸箱,装着客人们换下来的旧镜片,时间一长,箱子里几乎堆满了镜片,还蒙着厚厚的灰尘,每当利珀西扔一块镜片进去,就有尘土飞扬起来,宛若隐形人在跳舞。

爱玩的孩子们后来发现了这个箱子,他们很好奇,就拿了一大把镜片,七嘴八舌地讨论该怎么用。

"好像应该放在眼睛前面,我看到大人都是这么玩的!"大哥说。

"不,我们应该放两个,左边一个,右边一个,这才是大人们的玩法!"二哥说。

最小的小弟便拿着两块镜片,放在手上翻来覆去地看着。

他也想各放一块镜片在眼前,但不知怎的,就将两块镜片叠在了一起。

顿时,他看到了自己从未见过的场景:远处的树高大起来,连细小的树叶都一清二楚,而距离他们有两条街道的教堂也清晰无比,就好像近在眼前一样。

"啊!"小弟惊奇地大喊起来。

"怎么了！"他的两个哥哥连忙奔到他身边，担心地问道。

小弟将自己的发现给哥哥们看，结果两个哥哥也发现了镜片的奥秘，他们激动地又喊又跳，声音之大，把街道上正在行走的路人都给吓了一跳。

利珀西头痛不已，他一边怒斥，一边转身上楼，要孩子们安静一点。

孩子们赶紧下楼，将镜片的作用告诉父亲。

他们争先恐后地说着话，利珀西不仅听不清楚，反而憋了一肚子气。

"闭嘴！谁再说话就不准吃饭！"利珀西喝道。

第二天，利珀西刚开店没多久，又听到孩子们在楼上大喊，他神色突变，干脆拿了根鸡毛掸子，要去教训孩子们。

三个儿子见父亲生气了，再也不敢大声喧哗了。

伽利略向威尼斯大侯爵介绍如何使用望远镜

小儿子哆哆嗦嗦地将镜片交给父亲，没忘提醒一句："把它们叠在一起，就能看清楚东西。"

"废话！"利珀西气呼呼地说，"近视镜片当然能看清东西！"

接着，他不顾孩子们的哀求，把三个臭小子揍了一顿。

当天中午，顾客比较少，利珀西忽然想起儿子的说法，就拿出两块镜片开始摆弄。

他把镜片叠来叠去，并没有发现有什么不同，突然间，他灵机一动，将两块镜片拉开一段距离，顿时，眼前的情景也让他惊呆了。

利珀西这才知道错怪了孩子们，心中十分愧疚，他做了一个长长的圆筒，将两块镜片固定，然后拿给孩子们看："你们看，这下看东西就方便多了！"

孩子们欣喜地玩弄着这个新奇的东西，而利珀西因为觉得此物会吸引不少顾客，就在自己的店中卖起了这个圆筒。

他将自己的发明称为"窥视镜"，很快，顾客们对窥视镜爱不释手，无论近视与否，都一窝蜂地前来购买。

利珀西见窥视镜如此受欢迎，连忙去申请了专利，还获得了一笔奖金。

后来，伽利略从窥视镜中受到启发，发明了天文望远镜，之后望远镜的名称就流传下来，成为人们所熟知的一种物品。

72

吃错了药反是一件好事

豆腐的炼制

豆腐是中国特有的美食，吃过它的人无不称赞其口感的绵软嫩滑，而它的烹饪方法也是不胜枚举，足以让外国人垂涎欲滴，令中国人备感自豪。

在中国历史上，豆腐的发明透着一股浓浓的传奇色彩，据说，发明它的人是八公山上的刘安，而它的出现，竟然是因为炼丹的失败。

事情要追溯到公元前 164 年，那时刘邦的孙子刘安被册封为淮南王，建都寿春。

一被册封，刘安就开始大张旗鼓地招募起门客来。

一开始皇帝听到这个消息，心中不由地一紧，连忙派人调查，后来发现刘安的远大志向仅仅是炼丹修仙，就松了一口气，再也不管他了。

为了找到与自己志同道合的奇人异士，刘安招募了上千人，而最终与他组成炼丹小组的只有八个人，即苏菲、李尚等八位术士，他们被称为"八公"，大名鼎鼎的"八公山"就是这么来的。

刘安整日与八公厮混在一起，穿道服持拂尘，念着"道可道，非常道"，恨不得自己的诚心有一天会被上天看到，不用再炼丹而直接升天了。

可惜上天毫无反应，所以炼丹只能继续。

刘安他们试了很多种办法，炼出了一些黑色的"仙丹"。

这些丹药硬得跟石头似的，咬都咬不动，只好囫囵吞下去，还好丹药没毒，否则刘安的小命就保不住了。

炼丹图

即便炼出丹药，这帮人仍是隔一段时间就再炼一种仙丹，仿佛生怕丹药不灵验似的。

可是究竟灵不灵，还得过几十年再看呢！

有一回,刘安突发奇想,要用黄豆炼丹。

他先将黄豆加水研磨成白白的豆浆,然后把豆浆倒入丹炉中,再加热丹炉底部。

这次刘安竟然没有想到往丹炉中再添加其他乱七八糟的玩意儿。

这时八公过来了,见丹炉里的材料如此简单,就建议道:"不如加点什么进去吧!"

刘安一想,觉得也是,就点头道:"你们想想加什么。"

正巧有个人手里拿着一点卤水,便说:"加卤水吧!似乎有凝固的效果。"

于是,卤水便被缓缓倒进了丹炉中,然后刘安盖上了炉盖。

在烧制过程中,一股香味从丹炉中飘出,让术士们惊叹道:"好香啊!"

也许这次就是仙丹了!听说仙丹都是香的!刘安在心中窃喜。

孰料,当炉火熄灭后,刘安一揭开炉盖,顿时惊叫起来:"这是什么玩意儿!"

八公立刻上前围观,他们也旋即目瞪口呆。

原来,锅中竟然不是一粒一粒的丹药,而是一整锅软绵绵的白色固体!

刘安用手指轻轻碰了碰锅里的东西,发现其触感十分柔滑,好似婴儿的皮肤。

"摸上去就很奇怪。"刘安对其他人说。

术士们七嘴八舌地议论着,但谁也没提到核心问题:这玩意儿能不能吃。

最终,还是刘安发话了:"你们尝尝看,吃了会怎样。"

这就是寄人篱下的下场,尽管心里一千个不愿意,术士们还是无可奈何,用颤抖的手指挖出一块,然后抱着必死的决心,一口吞了下去。

尽管吃进嘴里的感觉非常好,但吃的人依旧很担心,怕自己倒地不起、一命归西。

至于其他人,都僵在原地,等着试吃者的反应。

时间仿佛凝固了一般,试吃的人的额头上渗出了密密麻麻的汗珠。

过了很长时间后,依然没有人出现意外,这时大家才恍然大悟:原来他们炼出来的不是丹药,而是一种食物!

接下来的情景就有点搞笑了,大家抢着去吃锅里的豆腐,并且吃得不亦乐乎,完全把刚才的恐惧感抛到了九霄云外。

就这样,豆腐被偶然地发明了出来,至今,淮南的民间还流传着一句歇后语:刘安做豆腐——因错而成。

73

上帝在暗中相助

软木塞造就的罐头

18世纪末的法国,即将迎接新一轮的腥风血雨。

资产阶级大革命爆发后,法国政坛风云突变,王室成员被一个一个地送上了断头台,资产阶级掌握了国家政权,而此时,旧王朝的势力也在蠢蠢欲动,欲重新夺回政权,恢复封建制度。

乱世出英雄,此时,一个小个子的青年登上了历史舞台,他就是著名的拿破仑·波拿巴。

拿破仑帮助资产阶级镇压了国王的残余势力,因而很快登上了"内防部"副司令的位置。

拿破仑的野心并不止于此,他还想登上国王的宝座,因此拼命地扩充自己的军备。

这时候,有个问题冒了出来:既然军队中有那么多人,势必得有一个庞大的后勤部才行,但是在外打仗,带那么多的锅炉、粮食显然是会拖累行进速度的,有什么办法可以让战士们迅速填饱肚子又不必浪费很多精力呢?

拿破仑想了很多办法,都行不通,眼见战事迫在眉睫,他只好用钱来解决问题。

某天,全国都出现了这样的告示:谁能发明一种既方便携带又能保持原味的食物,就赏给他12000法郎。

尼古拉·阿贝尔

12000法郎,这可是一笔巨大的财富啊!

每个人都想得到赏金,一群人纷纷地投入实验中,其中,不乏一些有着丰富食品制造经验的人,比如从事糕点制作十余年的巴黎商人尼古拉·阿贝尔。

阿贝尔除了做糕点,还精通葡萄酒和威士忌的制造技术。由于长年接触储存食物的瓶瓶罐罐,阿贝尔有了丰富的经验。

比如,他意识到食物放在陶器罐和玻璃瓶中最能保持新鲜,不过玻璃瓶更容易携带,此外,食物不宜与空气接触,否则容易变质,所以要想储存食物,就该隔绝空气。

阿贝尔认为自己的思路是完全正确的，于是他开始动手研发起来。

他煮了一些果汁，然后装入陶罐中，因为怕沾灰尘，他就找来一个大小适中的软木塞，将罐口塞得异常严实。

下一步就是要制作糕点了。

正当阿贝尔想好好制作时，厨房里的伙计却告诉他一个坏消息：面粉没有了！

阿贝尔无可奈何，只好收起围裙，等待库房里买进面粉。

谁知当时巴黎的物资匮乏，这一拖就拖了一个多月，而那罐果汁早已被阿贝尔遗忘在角落里，罐身都积了厚厚的一层灰。

待阿贝尔买到面粉并做完糕点后，他才想起之前自己做的果汁，顿时"哎呀"一声叫起来。

那些果汁，肯定已经坏掉了吧！

军事天才拿破仑

阿贝尔只好去把果汁倒掉，不过罐口的软木塞实在太紧，他拔不下来，就找了一把刀，把塞子撬了出来。

当塞子弹出罐口的一刹那，一股沁人心脾的果香飘进阿贝尔的鼻子里，阿贝尔目瞪口呆，果汁居然没有坏！

这是怎么一回事呢？莫非是软木塞的功劳？

于是阿贝尔又做了一个实验，他将煮熟的肉装入一个玻璃瓶里，然后用软木塞把瓶口堵上，再在塞子的周边封上蜡，然后静观其变。

两个月后，阿贝尔迫不及待地打开瓶塞，发现肉一点也没变质，不由地笑得前仰后合，他终于找到保鲜的方法了！

接下来，阿贝尔将他的密封容器贮藏技术上报给了政府，拿破仑听后喜上眉梢，急忙下令制造第一批密封在玻璃瓶内的食品，然后将其送到前线。

一晃三个月过去了，前线打回来的报告说，那些食物仍旧保持新鲜。

就这样，阿贝尔得到了拿破仑的巨额赏金，他用这笔钱开了一家罐头厂，研发出了七十多种罐头食品。

后来，各国也都知道了罐头的制作方法，便纷纷效仿。

不过玻璃罐头有个很大的缺点，就是易碎，到了19世纪20年代，英国罐头商杜兰德受马口铁制造的茶叶罐启示，用马口铁制造了铁皮罐头。

从此，罐头不怕被摔碎了，而后各国还陆续生产出各种功能奇特的罐头，让人们在享受便捷的同时也能满足多种需要。

小知识

中国罐藏食品的方法早在三千年前就应用于民间。最早的农书《齐民要术》就有这样的记载："先将家畜肉切成块，加入盐与麦粉拌匀，和讫，内瓷中密泥封头。"这虽然和现代罐头有所区别，但道理相同。

74

被钢笔弄脏的衣服
喷墨打印机的由来

喷墨打印机是办公室里的常见用品,它诞生于 20 世纪 70 年代,是由针式打印机发展而来的,不过其工作原理,却与之大相径庭。

人们是怎么想到要发明喷墨打印机的呢? 这多亏了一支钢笔。

当年,一个年轻人来到了著名的佳能公司实习,他叫奥鲁科,是一名刚毕业的大学生。

奥鲁科想做研发的工作,以为像佳能这种大公司会给自己这样的机会,谁知他很快被分配到了行政部,负责打印文件之类的工作,这让他沮丧极了。他觉得自己的工作完全是不需动脑子的机械劳动,因而心生不满,可是他好不容易能进大公司,又生怕因表现不佳而被辞退,只好忍气吞声地继续工作着。

行政部就是一个打杂的地方,每天都有很多文件需要奥鲁科打印。

奥鲁科几乎每天都在吱吱呀呀的打印机前守着,而让他尤其受不了的是,由于文件太多,他需要多次为打印机换色带,结果换得他满手都是黑色的油墨,连白色工作服都被弄脏了。

天啊! 我要是能发明出一种不用换色带的打印机就好了! 也省得每天洗衣服了! 奥鲁科时常这么想。

在一个周末的早上,奥鲁科的母亲给全家洗完了衣服,就坐在窗前,用钢笔填写财物报表。

这时,家里的电话响了,奥鲁科接了电话。

过了一会儿,他放下电话,告诉母亲:"我要回公司一趟,我的工作服洗了吗?"

"我刚洗好,还没来得及熨烫。"母亲说。

由于儿子急着要走,母亲就放下钢笔,将儿子的工作服搁置到熨衣板上,然后用熨斗急匆匆地熨起来。

"好了,你快穿上吧!"母亲总算忙完了,便赶紧招呼儿子。

奥鲁科过来穿衣,可是他忽然懊恼地说:"右边这只袖子没有干!"

"你等一下!"母亲又仓促地让儿子把工作服脱下来,她顺手将熨斗搁在一边,然后去给水袋灌热水,想将袖子烫干。

正在这时，只听到极轻微的一声响，一小团黑雾突然喷了出来，正好喷到了奥鲁科的工作服上，形成了一个像小鸟一样的图案。

"唉，儿子，对不起，我怎么这么不小心呢！"母亲见状，不由地自责万分。

原来，母亲在放熨斗的时候，没有留意，将其放到了她的钢笔上。由于受到高温影响，钢笔里的墨水被雾化并且以极快的速度喷了出来，最后居然还形成了图形。

奥鲁科见整个过程几乎没有发出声音，不禁啧啧称奇，他想：何不用类似原理制造出一台可以喷墨的打印机？那样的话肯定不用换色带！

"妈妈，你帮了我大忙了！"奥鲁科笑着拥抱母亲，让对方莫名其妙。到公司后，奥鲁科跟总工程师深度聊了一下自己的创意，博得了后者的认同。

奥鲁科大受鼓舞，他利用业余时间认真去学针式打印机的原理，终于了解到针式打印机利用针点，通过色带，把图案的像素一个一个打出来最终堆成图案。那如果一个个针点变成一小喷头，然后通过雾化技术把墨喷出来，那不就可以直接形成图案，再也不用换色带了吗？奥鲁科兴奋地想。

他花了七年的时间来研制喷墨打印机，尽管他仍旧在行政部里跑腿，但他却从此觉得生活充满了希望，而他也有了前进的目标。

公元 1983 年，奥鲁科为公司里的同事展示了自己发明的第一台简易喷墨打印机，这台机器打印时字体清晰、图案鲜明，且噪音很小，博得了所有人的赞誉。

人事部很快将奥鲁科调到了研发部，这是公司高层的直接任命，他们对奥鲁科的打印机非常重视。

奥鲁科没有辜负公司的期望，一年后，他和其他同事制造出了更快更清晰的打印机，并获得了专利。

由于奥鲁科的努力，喷墨打印机成为佳能公司的主打产品之一，并直至今日仍在人们的生活中发挥着至关重要的作用。

小知识

奥鲁科发明的打印机因为采用的是加热雾化喷墨技术，公司为其取了一个好听的名字：喷墨打印机。

75

乱吃东西的化学家

糖精与不要命的故事

乱吃东西会有很多危害，比如易发胖、得糖尿病、消化不良，而如果化学家乱吃实验品，那就更不得了，随时可能一命呜呼！

可是在人类历史上，却有一位不要命的化学家，他似乎饥不择食，见到东西就吃，其疯狂程度真让人大跌眼镜。

此人是谁呢？

原来他是 19 世纪的俄国化学家康斯坦丁·法赫伯格。

在公元 1877 年，巴尔的摩的一家公司找到法赫伯格，聘请他为公司分析糖类的纯度。有钱赚，何乐而不为，法赫伯格一口答应下来。

没想到这家公司没有自己的实验室，法赫伯格只好去找自己的好友——约翰·霍普金斯大学的化学家伊拉·莱姆森，请对方临时借一个实验室给自己。

莱姆森答应了法赫伯格的请求，他还豪爽地说："以后你要是还想用我的实验室，尽管开口！"

法赫伯格非常感激好友的鼎力支持，从此他就经常出入于约翰斯·霍普金斯大学做实验，没想到在那里，他居然完成了一项重大发明。

在一个夏夜，法赫伯格在忙完对煤焦油的衍生物实验后，发现天色已经黑得看不到一点亮光。

"糟糕，老婆还在等我吃饭呢！"法赫伯格失声叫出来。

此时他的肚子也在"咕咕"地抗议，法赫伯格赶紧收拾东西，连手也没洗，就匆匆往家赶去。

"亲爱的，很抱歉我回来晚了！"一回到家，他就满怀歉意地对妻子说。

妻子赶紧去厨房热菜，她一边忙碌一边说："等不到你回来，我就先吃了，你稍等，我把饭菜热一下。"

由于怕丈夫饥饿，妻子先热了两块面包给法赫伯格。

法赫伯格拿着面包片一咬，哟！好甜啊！

他暗想：老婆怎么想起做甜面包了？

很快，妻子将所有的饭菜都热好，端上桌让丈夫用餐。

162

法赫伯格每吃一道菜,都觉得甜,连蘑菇汤也比往常甜很多,他一边吃一边问妻子:"你今天做菜放了不少糖?"

妻子却有点惊讶:"没有啊! 我没有放糖。"

法赫伯格听到这番话,立刻放下叉子,开始思考起来。

奇怪,既然老婆没有放糖,那甜味又是从哪里来的呢?

难道是从自己手上来的?

突然,法赫伯格的眼睛亮起来。

是的,他在离开实验室前并没有洗手,而只是用手帕简单地擦了一下双手,所以那甜味就是他自己制造出来的!

想到这里,法赫伯格"霍"地站起身,抓起外套和公文包就往外走。

妻子有点莫名其妙,她叫道:"这么晚了,你去哪里呀?"

"实验室!"法赫伯格匆匆地走了,甚至来不及再跟妻子说一句话。

回到实验室后,法赫伯格仍处于极度兴奋的状态,他满脑子都想着把那种散发甜味的物质找出来,因此竟没有考虑到自身安全,他尝遍了容器中所有化合物。

这样的举动在如今看来肯定是一个重大的失误,但法赫伯格却像疯了一般,不停地东舔西舔。大部分化合物都是苦的,而且还把法赫伯格的舌头染成了彩虹一般的颜色。幸运的是,在法赫伯格在被化学物品毒死之前,找到了自己想要的东西,那就是糖精。

"太好了! 这应该是非常有用的一项发明!"法赫伯格擦着头上的汗,欣慰地说,他几乎要手舞足蹈了。

后来,他申请了糖精的专利,而且还开了工厂,开始生产糖精。

如他想的那样,糖精后来被人们广泛利用,甚至一度成为调味料,直到科学家认为糖精不能被食用后,它才在食品界销声匿迹。

小知识

植物界中还有一些比蔗糖更甜的物质:原产南美洲的甜叶菊,比蔗糖甜200~300倍;非洲热带森林里的西非竹芋,果实的甜度比蔗糖甜3000倍;非洲还有一种薯蓣叶防己藤本植物,果实的甜度达蔗糖的90000倍。而我们平常用的比蔗糖还甜的物质是糖精,它比蔗糖要甜500倍。

76

千钧一发之际呼出的一口气

人造雨的成功

古时候,每逢旱灾老百姓只能跳舞拜神,祈求上天恩赐雨露。到了现代,科技的发达使人们不甘心再被动地求雨,他们要自己制造雨水,这就是所谓的人造雨。

在晴空万里的天上,怎么造出雨滴呢?

20世纪中期,科学家得出一个结论:雨滴是以灰尘等颗粒为内核,吸附水汽而产生的,所以他们就坐上飞机,把大量人造内核送达到云层里去。

结果却往往事与愿违,很少有几次造雨是成功的,大部分时候,专家们耗费了人力和物力,太阳却仍旧在人们头顶上炫耀,似乎在笑话着人们的不自量力。

难道说,内核凝聚水汽的说法是错误的?

正当科学家们一筹莫展之际,美国通用电气公司的一名员工——科学家欧文·兰米尔和他的助手谢弗通过观测云层的温度,发现了一个奇特的现象:高空的那些云彩温度经常比冰点还低,却不会结冰。

也就是说,即便水汽处于零度以下,它也是不会凝固的。这就从侧面印证了内核说,也让不少科学家找到了人造雨的方向。

第二次世界大战后,兰米尔没有再深挖人造雨的技术,但谢弗坚持了下来。

谢弗依旧在寻找内核,他几乎将气象学上建议的一切材料都用了个遍:粉尘、泥土和盐类。

他先将自己呼出的气送入制冷器,然后把可以变成内核的材料也投入进去,接下来的时间,他就坐等雨滴或雪片的形成。

可是令他失望的是,在无数次的实验里,他从未取得过成功。

"难道是我选的材料有问题吗?"在无数个日子里,他沮丧地坐在实验室里,喃喃自语。

"会不会是内核论的问题呢?"他的同事插嘴道。

由于失败次数太多,谢弗后来也开始怀疑起自己一贯坚持的理论,他有点破罐子破摔的心理,每次做实验时都要在心里抱怨一声:反正都不会成功的!

又是一个艳阳高照的日子,谢弗在临近中午的时候再度做了一个人造雨的实验。

正当他想看看失败的实验结果时,同事叫他去吃饭,于是谢弗应了一声,匆匆地走了。

临走的时候,他并没有盖制冷器的盖子,因为冷空气会下沉,不会从盒子里面跑掉的。

吃完饭后,谢弗又回到制冷器前,发现在自己离开的那段时间里,因为夏季的高温,制冷器的温度比先前高了一点。

不行,得赶紧降温,否则达不到冰点的温度了!谢弗心想。

这时他可以盖上盖子,让温度缓慢地下降;或者投入干冰,迅速降温。

谢弗是个急性子,他不喜欢等待,就在制冷器中放入了干冰。

就在这个时候,由于午饭吃得过饱,谢弗不禁伸了个懒腰。

顿时,他的嘴里呼出了大量的哈气,这些气体进入了制冷器内,与干冰相互缠绕着,在一瞬间变得晶莹剔透,好似成千上万颗小水晶。

谢弗愣了一下,他旋即跳起来,冲着同事大叫:"快看!我造出了雪花!"

原来,内核论正确无误,而选用的材料应该为干冰,这样才能人工造雨。

公元 1946 年的 11 月,谢弗登上一架小型飞机,飞上了高空。

他很快来到云层上方,启动了喷洒干冰的装置。

当他落回地面的时候,天空已经乌云密布,豆大的雨点瞬间砸向地面,而谢弗的恩师兰米尔则伸开双臂紧紧拥抱了谢弗,大叫道:"你创造了奇迹!"

后来,通用公司另一名工人伯纳德·万内格特发现用碘化银也能使云层结冰,也进行了很多实验。

这个万内格特很大方,因为碘化银很昂贵,他却毫不在乎,仿佛碘化银对他来说跟破铜烂铁似的。

最终,万内格特发现将纯的碘化银磨成小碎片,也具备和干冰一样的功效,于是他将自己的发明公之于众,获得了科学家的一致赞颂。

如今,干冰和碘化银这两种人工降雨法已成为业内公认的造雨方法,人们再也不怕干旱的困扰,自己就能影响天气了。

小知识

碘化银虽然昂贵,但万内格特最终找到一种方法能把碘化银磨成很小的碎片,像烟雾一样。这样的碎片可以散布在很广的范围内,如有足够的云量,使用很少的几克就能造出洒遍一个国家的雨量。

77

烟灰是个大功臣

稳定的水电池

对人类而言,诞生于 16 世纪的电池是项伟大的发明,它为日常生活提供了很多动力。

早期的电池由金属片和金属盐溶液组成,科学家将铜片和锌片浸入溶液中,然后以导线相连,电流就产生了。可是这种原始电池的寿命并不长,因为金属盐具有腐蚀性,这就使得导电的金属片容易遭到损坏。另外,用金属盐溶液发电,电流并不稳定,这也造成了很多工程师的困扰。

怎样解决电池的这些问题呢?

20 世纪 30 年代末,美国的发明家伯特·亚当斯想到一个办法:既然盐类溶液会侵蚀金属,我用水做介质不就行了吗?

的确,水的腐蚀性要比化学溶液小很多,如果能够制成电池,那就再好不过了。当其他科学家得知亚当斯的想法时,他们都取笑他:"简直是痴心妄想! 水中没有电离子,你怎么形成电流的回路呢?"

亚当斯却不理会人们的打击,他执意要做出独特的水电池。

他用金属镁和氯化铜分别作为阳极和阴极,然后将两个物质放入水中。尽管由于化学作用,会有电流产生,但让亚当斯失望的是,电流太微弱了,根本不足以提供动力。

亚当斯没有灰心,他一边抽烟,一边在脑中搜寻着解决办法。

他是一个烟瘾很大的人,和大多数男人一样,亚当斯觉得烟能提神,能更好地激发他的灵感,所以越是工作紧张,他越会抽很多烟。

虽然暂时无法造出电流量大的电池,但亚当斯却始终认为镁和氯化铜的结合是正确的。只要我稍稍进行改进,就可以了! 他一边吐着烟圈,一边在心中默默鼓励自己。氯化铜是需要炼制的,而亚当斯没有专门的实验室,他只好在家煮化学品。

在差不多两年的时间里,亚当斯的家里都弥漫着一股呛鼻的味道,让每个到他家来做客的朋友都大呼受不了。

还好亚当斯抽烟,他的鼻腔里满是烟草的辛辣味道,"所以我不怕,谁叫你们不抽烟"。他还取笑朋友们。

在一个冬日的晚上，亚当斯仍在忘我地忙碌着，火炉上的坩埚"呜呜"地发出怪响，熔化的金属喷着火焰，将昏暗屋子的一角照得红彤彤一片。

亚当斯知道这锅氯化铜马上就要炼好，便揭开锅盖，想看一看是否可以将氯化铜捞出锅。谁知，他刚揭开盖子，那升腾的热气就熏得他后退了一步，而他那拿着香烟的手也抖了一下，一截长长的烟灰正好掉进了锅里。

"糟糕！"亚当斯想挽救，却已经来不及了，烟灰很快消失在还冒着气泡的金属溶液中，仿佛从未出现过。

尽管担心得不到纯净的氯化铜，亚当斯仍旧抱着一丝侥幸心理，做好阴阳电极，然后将整个装置置于一个马口铁制成的婴儿罐头盒子里。

"一定要成功啊！"亚当斯默默祈祷着，给罐头盒灌上了水。

当他给电极接上电流计时，奇迹竟然真的出现了！

电流计的指针大幅度地跳动，让亚当斯目瞪口呆，他想要的大电流真的有了！

亚当斯冷静下来，分析成功的关键在于他的烟灰，而烟灰的主要成分为碳，也就是说，碳是水电池不可或缺的因素。

于是，亚当斯转变思路，在电路中加入了很多富含碳的物质，如木炭、煤球等，他的实验越来越有希望，胜利就在眼前。

公元 1940 年，亚当斯带着自己研制的水电池成功申请了专利，此后，水电池步出国门，走向了世界。

如今，亚当斯的电池已被科学家应用到各个领域，它上天入地，因其完善的性能而被人们格外青睐。

小知识

第二次世界大战期间，美国政府在没有告知亚当斯的情况下，擅自生产了至少一百万个水电池，却没有给亚当斯一分钱。

十几年后，贫穷的亚当斯气愤难平，将政府告上法庭。

经过六年的申诉，他最终维护了自身权益，并拿到了 250 万美元的赔偿金。

第三章

这些发明对
人类发展至关重要

78

父爱如磁盼儿归

中国人制造的指南针

提起中国的四大发明，很多人都会竖起大拇指，的确，火药、造纸术、印刷术、指南针推动了社会的进步，没有它们，就没有如今的文明。

在四大发明中，指南针最早出现，早在 2500 多年前的春秋时期就已诞生，当时它的名字叫"司南"。

司南是管理南方的意思，在它的背后，有一个令人心酸的故事——

楚国有一位父亲，他是一名矿工，由于兵荒马乱，他的老婆被战火夺走了生命，所以他只能和自己唯一的儿子相依为命。

矿工中年得子，他非常害怕儿子也会在战乱中死去，就不准儿子离开自己半步，哪怕对方不愿意。

儿子长到十八岁，居然对打仗痴迷起来，整天舞刀弄枪，还叫嚷着要上战场杀敌。矿工很生气，他把儿子狠狠地骂了一顿，并说了一些气话："你从小力气就不如别人，上前线还不等着送死！"

儿子顿时来了气："谁说我不如别人！我会证明给你看，让你知道我是个勇猛的男子汉！"

矿工却不肯让儿子证明，因为这意味着儿子将拿自己的生命来冒险。

年迈的父亲说什么也不支持儿子的想法，就在父子俩争吵不休的时候，村子里忽然来了一队招募壮丁的官兵，他们到处叫嚷"当兵有钱拿"，挨家挨户地去劝村民们当兵。

儿子喜出望外，背上行李就要出门，父亲一看，连忙把大门锁住，骂道："有我在的一天，你就休想出去！"

父亲的愿望最终还是落空了，儿子从窗户逃了出去，待老父晚上回家后，他呆呆地看着空无一人的家，禁不住老泪纵横。在儿子应征入伍的第二天，老父来到了军队，他对着军官说了很多好话，才被允许与儿子相见。

儿子很害怕，他怕父亲骂他。

还好父亲的神情很淡然，不像要发火的样子。

父亲那双布满皱纹和老茧的手里，还捧着一个用麻布包裹的东西。

"对不起。"儿子嗫嚅地说道。

这时，父亲哀叹了一声，他解开麻布，取出藏在里面的东西。

儿子定睛一看，居然是一个正方形的盘子，盘子的中央还有一个小勺子。

"这是我以前在挖矿时挖到的磁石，后来我发现这种石头总是指着南方，就把它做成了这个东西。"父亲一边说，一边擦着眼泪。

父亲又将勺子摆弄了几圈，儿子看到勺柄总是指着一个方向，不禁感到有些奇怪。

"你看，勺柄总是指着南方的，所以我叫它'司南'，希望你在外面不要忘了家乡。"父亲说着说着，眼中沁出豆大的泪珠。

儿子的眼眶也湿润了，他忽然觉得有点不舍。

此时，长官下达了出发的命令，儿子不得不迷蒙着泪眼与老父告别。

父亲将司南塞在儿子怀里，目送着儿子离去。

从此一别，再无相见之日。

后来，儿子在战场上冲锋陷阵，立下不少战功，他始终将司南带在身边，闲暇时就拿出来把玩，然后顺着那勺柄指着的方向向远处眺望。

他没忘记，在那遥远的南方，有一个父亲在等着儿子回家。

战争结束后，长官要给这个年轻人封官，年轻人却婉拒了，他想快点回家找他的父亲。谁知，当他回到阔别多年的家乡后，才得知父亲早已过世多时，不由地悲痛欲绝。

那个司南被儿子供置在父亲的灵堂上，而他再也未离开家乡。

小知识

中国最早的指南针理论，是建立在阴阳五行学说基础上的"感应说"。最晚成书于宋朝的《管氏地理指蒙》，首先提出如下逻辑："磁针是铁打磨成的，铁属金，按五行生克说，金生水，而北方属水，因此北方之水是金之子。铁产生于磁石，磁石是受阳气的孕育而产生的，阳气属火，位于南方，因此南方相当于磁针之母。这样，磁针既要眷顾母亲，又要留恋子女，自然就要指向南北方向。"

79

为平民百姓谋利益的发明

蔡伦造纸

尽管如今都提倡"无纸化办公"，但我们依旧要感谢造纸术。

如果没有纸，我们在童年时就不能接受良好的启蒙教育；如果没有纸，很多商品将无法进行包装；如果没有纸，当姑娘们心碎流泪的时候，男人们将找不到东西来为心爱的人擦眼泪。

在中国，造纸术的发明者家喻户晓，他就是东汉时期的大宦官蔡伦。

蔡伦画像

其实在蔡伦出生的年代，造纸术是有的，但是造价很昂贵，非平民所能消耗得起。

当时的人们懂得用蚕茧来煮纸浆，然后生成一种雪白且容易破碎的纸供贵族使用。

对有钱人来说，用纸当然不成问题，但是对穷人而言，写字可非一件易事。

买不起纸，又要读书，该怎么办呢？

于是百姓们砍了很多竹子，做成了竹片，再将竹片串联在一起，就成了竹简。

竹简价格低廉，却非常沉重，而且容易被虫蛀，所以也很令人头痛。

有一次，蔡伦去一个城镇购置食材，结果看到一个十岁的孩子背着一个几乎和他人一样高的背篓，背篓里全是竹简，原来这个孩童是一个小书童。

太可怕了，看那么点字就需要背那么重的竹简，这多受罪啊！蔡伦想。

蔡伦觉得还是纸张轻便，他决定改进造纸术，发明一种既容易书写又便宜的纸，好让所有的人都用得起。

为此，他专门走访了江南生产纸张的工匠。

匠人给蔡伦演示了用蚕丝制纸的过程，并告诉他，只要有纤维，纸就能被生产出来。

可惜蔡伦不是科学家，他可不知道哪些东西是有纤维的。

没办法，他只好再去问工匠："哪些东西是有纤维的？"

"蚕丝。"工匠一边擦汗一边回答。

蔡伦见问不出个结果，只好怏怏不乐地回宫了。

过了一段时间，宫里来了一位匠人，碰巧他曾经做过纸，蔡伦得知后很高兴，连忙把匠人请到自己住处攀谈。

匠人听说蔡伦要造纸，他欣赏地点点头，说："现在的纸张确实太贵，如果大人能改良纸张，对百姓而言，将是一大好事啊！"

蔡伦见对方赞同自己的想法，不由高兴地问："那你说说，有什么办法可以改善造纸法？"

"办法倒是有。"匠人沉吟道，"就是不知能否行得通。"

"愿闻其详！"蔡伦迫不及待地说。

"可将烂木头、破布袋丢到锅中去煮，也许能获得造纸所用的纤维。"匠人说。

蔡伦虽然也不知此法能否成功，但他却摩拳擦掌地大声说："那我们就试试，说不定就成功了呢！"

于是，他们建造了一个作坊，没日没夜地忙碌起来。

蔡伦买了一口大锅，把匠人之前说的那些材料投进去，然后点上火煮起来。

后来他干脆将树皮、树叶、破渔网，总之一切能被他看到的东西都放到锅里去煮。

"这样行吗？"工人们都不敢相信自己的眼睛。

"不试怎么知道！"蔡伦意气风发地说。

大锅里的材料逐渐被煮到绵软，稍微一搅拌就会破碎，这时蔡伦命人将材料取出，放入一口巨大的石臼中，然后日夜不停地捣着石臼，直到那些材料变成浆液为止。

工匠都惊喜地说："这确实是造纸的浆液啊！"

蔡伦也喜不自胜，他用漂白粉将浆液漂成白色，然后再将浆液薄薄地铺到竹席上，等待其自然干燥。

在接下来的一天时间里，蔡伦有些坐立不安，不知迎接他的将会是什么。

到了第三天，工人们欢天喜地地来找蔡伦，他们一进门就吵吵嚷嚷起来："大人，纸造出来了！ 我们成功了！"

蔡伦大喜，连忙去作坊查看，发现竹席上摊着一层白如雪花的纸张。

他提起毛笔，在纸上书写，发觉非常流畅，于是将自己的纸献给了皇帝。

汉和帝也对蔡伦的纸非常欣赏，命他去民间大力推广。

后来，百姓们为了感激蔡伦，都称他发明的纸为"蔡侯纸"。

"投机取巧"的毕昇

活字印刷术

在打印机出现前,人类有很长一段时间都在以活字印刷术出版书籍,这种印刷方式虽不及打印机那么快捷,但已是当时最先进的技术。

活字印刷术到底有多方便?它的发明者毕昇应该是最有发言权的了。

在北宋时期,毕昇本是一个印刷厂的工人,他出身贫寒,在很小的时候就开始外出打工。

毕昇很勤奋,也肯下苦功,因此他的工作总能用较快的速度完成。

印刷坊的老板看毕昇勤快,就对他十分器重,先是让他做端茶倒水的小厮,随后便很快提升他为校验工人,后来毕昇见雕版工赚钱多,就偷偷地跟着工匠学习,待他能雕刻出一手好字时,他又成了雕版印刷工。

每日雕字虽然辛苦,但在作坊里,这是赚得最多的工种,所以毕昇十分珍惜。

有一次,他需要雕刻一本古籍,由于古书中生字很多,他不得不经常停下刻刀,对着古籍仔细琢磨一番,然后再下刀。

可是即便如此,他还是刻错了很多字。

当校验工人将错误的版面指给毕昇看时,毕昇的头都大了:这么多需要重新雕刻的版,相当于小版本书的工作量啊!

毕昇并非懒惰之人,可是他并不满意简单机械的重复劳动,再说一个金属版中,可能只有一个字是错的,却需要全版整个再雕一遍,这实在是浪费时间!

无可奈何的毕昇只好拿起刻刀,重新雕刻起来。

当他好不容易刻完一版,又去刻第二版时,他发现两个金属版中有很多字是相同的。

如果把第一版的字用到第二版中,不就省时省力了吗?毕昇心想。

他灵机一动,用胶泥做了一个四方形的长柱体,然后在柱体的一端刻上字,再放到火中烘烤,直到把泥柱烤硬为止。

毕昇之所以不选择用金属刻字,是因为金属柱体要取材的话太费时间,而且刻起来也很不方便,还是用泥好,不一会儿就完工了。

毕昇刻了好几个泥柱,他把无字的一面贴在一张铁板上,而把有字的一面暴露在空气中。

　　然后,他给那些泥字涂上墨水,并拿着一块纸去按压那些字,谁知有一个泥柱滑倒了,纸上留下了一道粗粗的黑线。

　　看来还不行,得把这些泥柱固定起来。

　　毕昇想到了松香和蜡。

　　他将这两种物质涂在铁板上,接着才放下泥柱。

　　下一步,他将铁板的背面用火去炙烤,直烤到松香和蜡熔化,这样泥柱就能被固定了。毕昇在做完这一切后又试了一次,发现此方法非常好用,他就将那些刻在泥柱上的字称为"活字",并决定多刻些活字来排版。

　　就这样,他的印刷速度变得惊人,让所有人都惊奇不已。

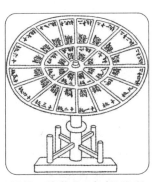

　　毕昇没有隐瞒自己的发明,他将活字印刷术一五一十地告诉了大家。

　　作坊主听后大赞毕昇聪明,并任命毕昇为印刷坊里的主管。

　　毕昇当上负责人后,他创立了一个工作流程:让两个工人同时工作,其中一个负责印刷,另一个则负责排版,当第一个印刷完毕后,第二个排版的已经等在那里了,这样轮流安排,不仅时间能错开,而且也不耽误工作。

元朝王祯著作《农书》里所绘的印刷活字盘

　　当一版排完后,只要把铁板再用火烤热,让松香和蜡熔化,活字就能顺利被取下来了,所以可以重复使用。

　　活字印刷术对古代的文明发展有着巨大贡献,自此以后,人们出版书籍的速度和效率大大提高,这都得感谢毕昇的"投机取巧"。

小知识

　　对印刷业产生革命性推动作用的是德国人谷登堡发明的金属活字。谷登堡是铅活字印刷的发明者,在公元 1450 年前后用所制活字字模浇铸铅活字,排版印刷了《四十二行圣经》等书,为现代金属活字印刷术奠定了基础。不仅如此,他还根据压印原理制成木质印刷机械以代替手工印刷。

81

跷跷板上的启示

妙除尴尬的听诊器

在影片中，外科医生经常以胸前挂一副听诊器的模样示人，可见听诊器在人们心目中的权威性。

听诊器是一种能够探听人们身体机能的工具，它只需轻轻接触人们的体表，就能得知健康状况，非常神奇。

如此简单而有效的玩意儿，是怎么得来的呢？

说到听诊器最初的发明，还要牵扯上另一种玩具，那就是跷跷板。

在18世纪末的一个九月，一位名叫勒内·雷奈克的医师正漫步在卢浮宫广场上。

雷奈克从小身体不好，需要多晒晒太阳，在之前的十几年时间里，他无数次来到卢浮宫广场，但心情都是沉重的，因为没有医院肯聘用他。

眼下时来运转，一位朋友刚升任内政部长，于是动用关系将雷奈克调进了巴黎的一家医院，总算让其脱离了困境。

人逢喜事精神爽，雷奈克第一次舒心地在广场上闲逛，他四处张望，长久苦闷的脸上洋溢着喜悦的神情。

当他走到一个角落里时，看到几个孩子正在兴高采烈地玩跷跷板。

雷奈克想起了自己漂泊的童年，不由地对孩童的嬉闹有点羡慕，他饶有兴趣地站在一旁，欣赏着这一幕天真的画面。

后来，孩子们玩腻了，他们换了一种玩法——在跷跷板的一端，一个孩子将耳朵贴在木板上，这时另一个孩子则用钉子去刮擦跷跷板的另一端。

一旦负责刮木板的孩子使用了钉子，另一个负责听的孩子会立即惊叫起来："我听到了你的动作！"

孩童天真无邪的笑容感染了雷奈克，他先是兴致勃勃地看了一会儿，随后便陷入了沉思中。

隔着木头去听声音，竟然能听得更清楚，这要是运用到医学上，该是多好的一件事啊！雷奈克在心中暗忖。

从此，跷跷板的事情就在雷奈克的心中种下了根，不时地就会被他想起。

过后不久,一个贵族姑娘来找雷奈克看病,她说自己的呼吸有些困难,喉咙还有些发炎。

按照惯例,雷奈克应该把耳朵贴在姑娘的胸口,听听她的心肺是否正常。

可是,这位姑娘长得比较圆润,只怕光用耳朵听效果不佳,而且雷奈克见姑娘如此年轻,担心姑娘会介意,不敢贸然就去靠近姑娘。

这样一来,双方都很尴尬,不知该如何是好。

突然,雷奈克想到了跷跷板,便产生了一个奇特的想法:如果我用一个传声筒去听病人的心跳,是否能更加清晰呢?

"医生,请问我还要等多久?"姑娘局促不安地扯着手绢。

"快了,马上!"雷奈克示意病人少安毋躁。

他随后将一叠纸卷成筒状,然后将纸筒的一端贴在姑娘的胸口上。

姑娘很惊奇,她想问医生在做什么,但看到雷奈克表情严肃,就不好意思问。这时,雷奈克将自己的耳朵贴在纸筒的另一端,结果,他听到了心脏强烈的跳动声,那声音比他光用耳朵听要清晰好多倍!

雷奈克激动得双手都在颤抖。

当他为姑娘看完病后,他就开始制作一种新型的听诊工具。

他做了一根空心的木管,木管的一头有很大的孔洞,被用于放在病人的心脏位置,另一头则可被医生使用。

这就是第一个听诊器的由来,不过当时雷奈克没有想到这个名称,他将自己的发明称为"指挥棒",因为这个玩意儿确实跟木棒差不多。

由于这项伟大的发明,雷奈克名声大噪,甚至让人们忘了他的另一项医学成就——肝硬化的发现。

再往后,医学家又相继对雷奈克的听诊器做出改良,听诊器终于变成了如今的模样。

小知识

　　是什么原因让雷内克医生听清心脏跳动的呢? 原来声音的发出是缘于物体的振动,然后通过空气传入耳朵。声音在空气中是向四面八方传播的,雷内克用"听诊器"将声音"聚集"在一起,听起来的效果就好多了。

早期的听诊器

看，鸟儿在纸上跳跃

动画是怎么产生的

电影是如今颇受欢迎的娱乐项目，人们几乎每天都在与它为伴，它用栩栩如生的动态画面展现着绚烂多彩的生活，丰富了人们的精神世界。

稍懂动画知识的人都知道，其实电影最基本单位仍是静态的图画。

为何静止的画一拿到放映厅里就会动起来呢？

这得归功于一个人，他就是皮埃尔·代斯威格内斯。

其实在皮埃尔之前，法国人保罗·罗盖特就发现了让静态画动起来的现象。

公元 1818 年，保罗·罗盖特为了哄儿子开心，就做了一个被木棍穿过中心的纸盘，他在盘子的一面画了一只鸟，然后跟儿子说："快看，小鸟是不是很可爱？"

哪知儿子看了一眼纸上的鸟，仍旧啼哭不止："不要！鸟又不会动！你帮我去捉真的鸟来！"

保罗很为难，他不擅长抓鸟啊！

无奈的他为了儿子开心，只好抓起网兜，去花园里捕鸟。

尽管头顶上就是叽叽喳喳的麻雀，可是保罗东奔西走了一两个钟头，却始终没能捕到哪怕是鸟的一根羽毛。

最终，他气喘吁吁地坐在地上，盘算着该怎么给儿子解释。

他在画着鸟的纸盘的另一面又画了一个笼子，而后假装严肃地告诉儿子："你看，小鸟之所以不会动，是因为它被关在笼子里啦！"

儿子却将纸盘子一扔，大叫道："它明明不在笼子里，你骗人！"

保罗彻底没办法了，谁让他水平有限，不会画笼中鸟啊！

他只好把纸盘子捡了回来，思考着该怎么给小鸟添上笼子。

他无意识地把盘子转来转去，由于转的速度快了点，鸟儿居然出现在笼中！

保罗以为自己眼花了，他连忙翻来覆去地看手中的盘子，却发现盘子并无两样，还是一面画着鸟，一面画着笼子。

"鸟儿怎么会出现在笼子里呢？"他嘀咕着，加速将盘子转了起来。

立刻，刚才的一幕又映入他的眼帘，鸟儿又跑到笼子里去了！

"天啊！太不可思议了！"保罗一边转，一边惊叹道。

在发现了这个魔法后,保罗又去哄他的儿子,这回他可以放心了,小家伙破涕为笑,拿着纸盘玩得不亦乐乎。

尽管保罗发现了动画的秘密,但他只将其作为逗孩子开心的一种方法,所以让动画的出现晚了几十年。

公元1860年,皮埃尔·代斯威格内斯在读到保罗转纸盘的故事时突发奇想:既然转动能让画面动起来,那么在一个圆筒上转,和在一个纸片上转,效果会一样吗?

他便做了一个圆筒,然后在圆筒的内壁贴上几幅内容连续的图画,再转动圆筒,通过筒顶向筒内观看,结果真的看到了令人吃惊的一幕。他欣喜若狂,叫了很多亲朋好友一起观看。

每个人看完皮埃尔的圆筒动画后,都吃惊得说不出话来,他们不明白,为何自己能看到连贯的画面,就好像有人站在筒内表演一样!

由于皮埃尔发明了圆筒旋转留影技术,电影这门新兴技术也随之产生,人们有史以来第一次能用动画方式将事件记录下来,这代表了人类社会的一个重大飞跃。

小知识

时至今日,科学家们已经解释出了动画能动的原理:

原来,人眼在看到画面后,大脑中会迅速做出分析,但是大脑的反应比视力要慢,当人眼在短时间内摄入太多画面后,大脑就开始"偷懒"了,就认为这些画面是运动的。

所以,电影摄影师会在一秒钟内连续播放二十四幅画面,这样屏幕上就出现了跳动的场面,而电视则为三十幅画面,因此电视不及电影来得清晰。

83

从百米高空安全落地

震惊世人的降落伞

人类从诞生之日起就渴望飞,渴望能像鸟儿一般在蓝天自由翱翔。

后来,他们发现这个愿望始终无法实现,就换了一种思路:能否从高空安全降落到地面,体验一下向下飞翔的乐趣?

确实有人这么做了,但他们不是被摔成了重伤,就是送了命,于是从高处往下跳就成了一个不可能完成的任务。

17世纪,有位爱幻想的作家德·马尔茨写了一本小说,其中有一部分内容是讲述了一个犯人越狱的情景。

中世纪法国的降落伞

在作家的想象中,犯人抓着被单的四个角,从高塔上一跃而下,利用风的托力,成功降落地面。

18世纪末,这本书被法国人卢诺尔曼看到了,顿时激发起浓厚的兴趣。

卢诺尔曼看着天空那自由自在的鸟儿,心想:小鸟的体重和一颗苹果差不多,它们为什么能飞起来呢?

他又看着被风吹卷上天的纸片,越发觉得作家的话是有道理的,风确实有一种无形的力量,它能把物品吹上天,为何不能助人从高处降落呢?

卢诺尔曼从此疯狂地搜集一切有关安全着陆的资料,恰好有一个叫欧文的意大利囚犯用一把伞从高塔成功越狱,虽然欧文后来被抓获,但此事却给了卢诺尔曼极大的信心。

当亲友得知卢诺尔曼要造一种能从高处落下的工具时,脸色都变得惨白无比,他们捂着胸口纷纷劝道:"别做傻事啊!丢了性命可怎么办呢?"

每当听到这种话,卢诺尔曼就会微笑着回答:"放心吧!我的命大着呢!"

他始终不肯放弃自己的梦想。

在长期的实践过程中,他发现伞状物确实具备飘浮的功能,只是该如何制造一把那么大的伞呢?

既然没有那么大的伞，就自己做一把吧！他想。

卢诺尔曼便开始缝制一块特别大的布，由于怕布在空中破损，就使用了不易磨坏的帆布。当这块布终于缝完后，他又把很多绳子缝在布的边缘。

经过日夜努力，卢诺尔曼的"伞"完工了！他兴奋地看着自己的劳动成果，内心又是激动又是紧张。

该是试验这把伞功能的时候了！

卢诺尔曼决定到城中的高塔上试跳。

这个消息迅速传遍整个巴黎，一些人非常震惊，另一些人则取笑卢诺尔曼是个大傻瓜。

无论人们的反应如何，都动摇不了卢诺尔曼的决心，他带着自己那把巨大的"伞"站到了高塔的顶端。

由于塔确实很高，当卢诺尔曼往下望时，他的心剧烈地跳动着，那一刻，他仿佛觉得自己抵达了地狱之门。

塔下聚集着密密麻麻的围观者，大家都想看看卢诺尔曼下一步的举动。

卢诺尔曼尽管抱着必跳的决心，但他还是不敢太草率，先将一块石头绑在"伞"上，然后将石头和"伞"一齐抛出。

当下面的人看见一个东西从塔顶跳下来时，都尖叫起来，他们以为卢诺尔曼跳塔了！

过了一会儿，大家才看到绑着石头的"伞"缓缓地落到草坪上，不由地松了一口气。

卢诺尔曼在验证了"伞"的安全性后，信心倍增，亲自抓住伞绳，闭上眼睛，自塔顶咬牙向外一跃！

"又跳了！又跳了！"大家再度叫起来，"这回是人！"

此时，卢诺尔曼的母亲再也承受不住紧张的情绪，一下子晕厥过去。

当卢诺尔曼的双脚腾空后，他反而不那么害怕了，他睁开眼，发现自己下降的速度一点也不快，而风在他耳边呼呼地吹着，吹得他心里十分舒服。

几分钟之后，卢诺尔曼晃晃悠悠地飘到了地面上，人们顿时报以热烈的掌声，一齐将卢诺尔曼抬起，庆祝这一伟大时刻。

后来，大家就将卢诺尔曼的伞命名为"降落伞"。

20世纪后，由于科技的进步，降落伞的材质和形状都有了飞速发展，它也越发成为人们的重要器材。

84

几番走投无路的瓦特

蒸汽机的改进

瓦特被誉为"蒸汽机之父",因为他发明了工业时代的代表工具——蒸汽机,因而受到了经济学家的热烈称赞。

发明家瓦特

但事实上,瓦特的生活并没有人们想象的那么光鲜亮丽,在发明蒸汽机之前,他屡次差点陷入绝境,还好天佑良才,最终得以渡过难关。

瓦特出生于英国的格里诺克镇,他的故乡距离以造船业闻名的格拉斯哥城很近,所以他的祖辈都是机械工和造船工。

瓦特生性好奇,求知欲旺盛,可惜的是,他的家境实在太贫穷了,无法供他读书。

当瓦特到了读书的年纪,他只能眼巴巴地看着别的孩子兴高采烈地去学校,而自己只能落寞地守在家里。

他非常痛苦,希望家人能改变主意,谁知父亲却对他说:"我和你叔叔没读过书,现在不也过得很好吗?"

瓦特闭着嘴,泪眼汪汪地沉默着。

某一天,大人们都出门去了,留下瓦特一个人看家。

瓦特想喝水,就把水壶灌满了水,放到煤炉上去烧。

他等了一会儿,听到水壶"呼呼"地响着,以为水开了,就跑去看。

谁知水并没有开,他只好又返身回去摆弄父亲的钳子。

瓦特不停地翻看父亲的工具,逐渐入了迷,也就忘了炉子上的水壶,等他终于想起来之后,壶里的水只剩一半了。

瓦特慌忙冲到水壶面前,这时他发现了一个奇特的现象:原本被盖得严严实实的壶盖眼下被白白的蒸汽顶得乱跳,仿佛它是一片轻薄的羽毛似的。

"蒸汽的力气好大呀!"瓦特惊讶地说。

十八岁那年,他首次出门,去城里学手艺,三年后,他有幸来到格拉斯哥大学当实验员,负责制作和修理实验器材。

由于从未读过书,瓦特对自己能在大学里工作特别开心,他舍不得放弃这个千载难逢的好机会,所以一有空就去找教授请教问题,还利用业余时间自学德语和意大利语,几年后,他的学问大有长进。

27岁那年,一位苏格兰铁匠将自己造的一台蒸汽机送入格拉斯哥大学维修,瓦特在经过仔细检查后发现,这台机器的问题太多,即便修好也会耗费大量的燃料,而且产生的动力也不够,只能被用于抽水和灌溉。

此时,小时候壶盖被蒸汽顶得动起来的情景又在他脑海里浮现,瓦特觉得蒸汽的能量一定很大,一定可以产生更大的作用。

他决定要改造现有的蒸汽机,便四处向人借钱。

在当时,造一台蒸汽机要花费几千英镑,而瓦特的薪水一年才35英镑,如果瓦特找不到投资人,他是无法进行科学实验的。

幸好瓦特有个开炼铁厂和煤厂的朋友,叫罗巴克,他对瓦特所说的蒸汽机很感兴趣,愿意出资相助。

于是,瓦特将全部精力投入蒸汽机的制造中,他不停地工作,每天都挥汗如雨,让自己看起来像一个作坊里的铁匠。

很快,第二道难关来了。

瓦特要申请蒸汽机的专利就得获得国会的认可,但相关程序非常烦琐,且费用惊人,与此同时,罗巴克的资金也出现了问题,瓦特不得不兼职做运河测量员,这份工作他一做就是八年。

八年后,罗巴克宣告破产,这样一来,蒸汽机的制造资金就彻底断了,瓦特陷入了一筹莫展的境地。

好在罗巴克实在够义气,他叫瓦特不要放弃希望,同时他仍在为瓦特的事情四处奔走。

终于,罗巴克带回来一个好消息:一个叫马修·博尔顿的铁器制造商愿意成为瓦特新的资助人。

尽管博尔顿提出要分蒸汽机三分之二的专利权,瓦特还是欣喜地同意了。

公元1776年,瓦特终于制成了世界上的第一台拥有分离冷凝器的蒸汽机,这台机器比以往的蒸汽机要足足节省四分之三的燃料!

瓦特并不满足于此,他继续对蒸汽机进行了一系列改造。

最终,这个屡次遭遇困境的工程师开了一家专门制造蒸汽机的公司,并让蒸汽机成为在轮船、火车上广泛运用的机器。

由于瓦特的贡献,到了19世纪30年代,轰轰烈烈的蒸汽时代在欧美拉开了序幕。

让美军反败为胜的"海龟"

潜水艇

神秘莫测的海底,不易为人类所征服,因而变成人类最想探索的地方之一。

数千年来,人们都想去海底一览胜境,却无数次铩羽而归,这是为什么呢?

原来,在暗无天日的海底,不仅具有强大的水压,温度也是低到不适合人类停留。

有一些人制造了所谓的潜水器,但下潜的深度还不如人类潜水的深度,所以一直到 18 世纪,世界上还是没有出现一种可真正被用于海底潜水的工具。

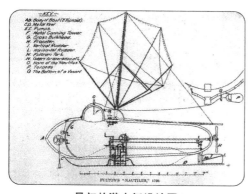

最初的潜水艇设计图

到了 18 世纪下半叶,美国展开了热火朝天的独立运动,其殖民者——英国政府为此大动肝火,派了很多军舰来镇压美军。

在当时,英国的军队实力跟还刚起步的美国相比,简直是绰绰有余。

况且,英国的海军力量十分强大,英国政府也知道自己的优势,就将主战场放在了海面上。

一时间,北美东部沿海被震耳欲聋的炮声和喊杀声所覆盖,在长达三年的时间里,海水都快被鲜血给染红了。

英国人的舰队实在厉害,将美军打得毫无还手之力,美国士兵们都怒不可遏,恨不得跳下海,用手雷将英舰炸个粉碎。

有个名叫达韦·布什内尔的士兵动起了脑筋:如果能制造一种新式武器,把敌人的舰队炸飞,我们的危机就可以解除了。

那么,这个武器该如何设计呢?

布什内尔苦思冥想,可是武器制造毕竟是个大工程,哪能那么快想出来呢?

"伙计,怎么整天愁眉苦脸的? 不要丧气,我们很快就会赢的!"战友们鼓励着布什内尔。

布什内尔见大家会错了意,连忙微微一笑,说:"我不是担心我们打不赢,我是在想怎么快点击退英国人！"

战友拍了拍布什内尔的肩膀，安慰道："你这么一想，英国人就败了？别伤脑筋了，我们去海滩上散散步吧！"

于是，布什内尔就与战友来到了濒临城镇的一处沙滩，这里距战场比较远，可以放心地在沙滩上看夕阳。

布什内尔信步走到海边的几块礁石旁边，石头将碧绿的海水围成了一个深潭，相较礁石外侧汹涌的海浪，潭水平静了很多。

这时，潭里的两条鱼吸引了布什内尔的注意。

只见一条小鱼悠闲自得地游来游去，丝毫没有留意在它的身下潜伏着一条大鱼。

突然，大鱼张大嘴，一口将小鱼吞进肚里，整个过程在电光火石之间就结束了。

布什内尔猛地一拍脑袋，对战友们说："我们造一艘船藏在敌人的军舰底下，然后借机去安放水雷，就可以把敌人炸得粉身碎骨！"

战友们还是第一次听到这种主意，不由地兴奋异常，纷纷献计献策，要为布什内尔的船出一份力。

过了一些天，在大家的努力下，船终于造好了。

这艘船长得颇像一只大海龟，不过它能潜伏到海底较深的地方，对付海面上的军舰应该没有问题。

布什内尔决定立即发动进攻。

在一个月黑风高的晚上，美国士兵开着"海龟"进入了水下，他们悄悄地向着英舰进发。

一开始，英国人并未察觉到美军的进犯，当"海龟"几乎就要来到英舰的船底时，美军没有把船驾驶好，不小心碰到了英国人的舰船。

英军立刻发现了敌人，他们拉响警报，并打算发射水雷。

布什内尔一看大事不妙，便决定先发制人，对准英舰发射了数枚鱼雷。

一瞬间，英舰上的爆炸声不断，舰队上的英国士兵纷纷跳海逃生。

其他英舰到处寻找敌人，却没有发现美军的任何踪迹，不由地心惊胆战，以为有天神在相助敌军。

过了几天，英国人才知道美军有一种可以潜到水里的厉害武器，就再也不敢耀武扬威了，而因战争诞生的潜水艇便开始出现在民众的视野中，在以后的日子里为战争胜利做出了很多贡献。

86
爱玩火的好奇兄弟
热气球的发明

在人类历史上,法国可能是最喜欢"飞"的国家,他们发明了降落伞,也发明了热气球。

公元1782年,一位名叫约瑟夫-米歇尔·孟戈菲的法国造纸商发现了一个奇特的现象:当他把需要处理的废纸撕成碎屑,然后扔到火炉里时,那些碎纸屑往往会在缭绕的烟雾中腾空升起,仿佛有一只手在托着它们一样。

约瑟夫很惊讶,便尝试着不撕碎纸,而将整张纸投入火中。

这一次,纸并没有飞起来。

约瑟夫心中起了疑问,难道说纸一定要小一点才能升空吗?

后来他又想:如果我不用纸,用布,是不是也能在火上飞呢?

被好奇心驱使的约瑟夫抓起手边的一件绸缎衬衫,连想都没想,就用剪刀在这件昂贵的衣服上剪了几个大洞。

他把剪下来的布料缝成了一个内部藏着空气的立方体,然后小心翼翼地投到火堆上。

庆幸的是,绸布在还未被火烧着的时候就已经升了空,然后越升越高,竟然飞过了约瑟夫的头顶,撞到了天花板上。

"哈哈,火可真是个好东西!"约瑟夫兴致勃勃地说着。

过了一个月,他去见自己的弟弟雅克-艾蒂安·孟戈菲,因为觉得有趣,约瑟夫就把自己的发现告诉了雅克。

孰料雅克对此很感兴趣,他当即要和哥哥再做一次类似的实验。

约瑟夫很乐意有人跟自己一起分享新奇的事物,他便又做了一个绸布立方体,然后把布料放到炉火之上。

当约瑟夫松手的一刹那,绸布冉冉升起,居然升到了30米高的高空。

这下,约瑟夫惊讶地合不拢嘴,而雅克则疑惑地问他:"你说绸布是因为什么原因而飞得这么高的呢?"

这个问题约瑟夫从未想过,他思考了一会儿,不确定地说:"是火吗?"

"我觉得不是,应该是烟。"雅克指着火炉上散发出的袅袅青烟,继续说道,"你看,烟从火中冒出来后,就一直往天上升,说明它具有往上的力量,所以绸布自然就靠着它腾空了!"

雅克的逻辑征服了约瑟夫,兄弟二人一致以为烟才是物体升空的关键因素,他们又开始实验,但不同以往,他们用湿草和羊毛做燃料,这样就能制造出大量的烟雾来了。

兄弟二人煽风点火,把整个屋子弄得乌烟瘴气,而他们在烟里进行的实验也并没有太大的惊喜,因为碎纸屑和布料依旧只能飞到跟往常一样的高度。

"这是怎么回事,难道不是烟的作用?"雅克好奇地说。

"也许只要有一个火堆,轻一点的物品就能被送上天。"约瑟夫猜测道。

既然发现了使物体飞上天的秘密,兄弟俩就决定造一个能在天空自由翱翔的玩意儿,他们还兴奋地想,如果这玩意儿能装人,人类岂不是就可以在天上飞翔了吗?

可是这玩意儿该造成什么样子的呢?

兄弟俩一时没有好主意,只好暂时将发明的事情搁置下来。

有一天,他们在马路上看到一个小孩为丢了一个气球而哭泣,才恍然大悟:他们可以做一个气球,然后在气球的下方连上一个火堆,如此搭配在一起,气球就可以越飞越高了。

孟戈菲兄弟的动手能力很强,他们用纸糊了一个三立方米的气球。

结果,实验大获成功,可是孟戈菲兄弟并不满足,他们觉得这个气球还可以再大一点,否则人是无法坐进去的。

一眨眼,四个月过去了,孟戈菲兄弟的热气球也做好了,这一回,他们用的材料是混合着棉布的薄纸,所以气球比以往的任何实验品都要重,竟达到 225 千克,体积也有 800 立方米。

兄弟俩抬着这个庞然大物试飞时,心中都没有底,不过现实却没有令他们失望:气球飞到了 1000 米的高空!

所有围观的群众都目瞪口呆,对孟戈菲兄弟报以热烈的掌声。

一个议员建议道:"你们为什么不上报巴黎科学院呢?那样的话科学院会给你们很多资助。"

孟戈菲兄弟觉得议员的话很有道理,三个月后,他们携带着热气球来到了法国王室的住所——凡尔赛宫的花园里。

在法国国王路易十六的面前,孟戈菲兄弟将一只羊、一只鸭、一只公鸡送进热气球的竹篮里,然后看着热气球缓缓离开地面。

这次当众实验持续了八分钟,三只惊吓过度的动物安全地降落在了地面上,围观的群众齐声喝彩，国王也非常高兴，还将乘坐气球的羊送进王宫的动物园内，让它每日享受贵族待遇。

在一切都很成功的前提下，两个月后，孟戈菲兄弟终于决定亲自乘坐热气球，在高空体验一下心跳的感觉。

他们选择了巴黎西部的布洛涅林园为起飞地点，而后，两人在空中待了 25 分钟，最终安全着地。

这是人类历史上的第一次飞行纪录，甚至比莱特兄弟的首次飞行还要早 150 年。由于孟戈菲兄弟的不懈努力，热气球一度成为时髦的出行工具，如今，它又演变为一种娱乐项目，依旧在为人类的飞行梦而尽力地服务着。

小知识

　　热气球由中国人发明，称为天灯，约在公元 2 世纪或 3 世纪被发明，用来传递军事信号。知名学者李约瑟也指出，公元 1241 年蒙古人曾经在李格尼兹(Liegnitz)战役中，使用过龙形天灯传递信号。而欧洲人至公元 1783 年才向空中释放第一个内充热空气的气球。

公元 1786 年的热气球

87

把声音留住的奇怪机器

第一台留声机的出现

爱迪生是美国的大发明家,他发明了很多东西,拥有上千个专利,因此在人们心目中,他是一位真正的伟人。

虽说在成年后,爱迪生的事业非常辉煌,但在童年时,他却是个不折不扣的苦孩子,为了赚钱而去列车上卖报纸,结果被列车长凶狠地打了一记耳光,一只耳朵都被打聋了。

后来,爱迪生的听力就一直不怎么好,这给他的工作带来了不少麻烦。

谁知,塞翁失马,焉知非福,有些坏事在特定时期居然也能成为一桩好事。

有一次,当他在调试送话器时,由于他的耳朵无法敏感地探听到传话膜的振动,他就用了一根银针来测试。

他原本的想法是这样:如果传话膜有动静,针就会颤动,这样他就无须试听便能得知实验的变化了。

于是,爱迪生就目不转睛地盯着那根针,观察着它的状态。

爱迪生与他所发明的早期留声机

很快,他发现了一个规律:当声音变大时,针的颤动程度就会增大;而当声音趋向无声时,针也会逐渐恢复平静。

出于发明家的直觉,他立刻转变思维,想了一个其他人想不到的方法:如果使针颤动,就可以反过来复原声音,而针颤动的强弱程度就记录了音量的大小。所以,贝尔虽然发明了电话,但是贮存声音的技术,却需要他爱迪生发明出来!

爱迪生觉得自己的这个想法是另类的,所以他很激动,执意要用最短的时间把存声音的机器制造出来。

跟爱迪生共事过的人都知道,这位大发明家工作时的认真态度是无人可比的。

当时正好是炎热的七月,不仅高温难耐,蚊虫也很猖獗,可是爱迪生却毫不在乎,他一笔一画地在纸上勾勒着,仅仅用了四天时间就将留声机的初稿给设计了出来。

爱迪生认为,录声音的第一步,是把声音收集起来。

于是,他在听话筒上装了一个喇叭,利用喇叭将声音送到听话筒的振动板上。

第二步,就是让声音产生振动。

接下来第三步,是让这种振动保存下来。

他在振动板的中央装了一根钢针,又在留声机上装了一个铺有纸带的可旋转金属圆筒。

当他摇动留声机底部的手柄时,圆筒就会一边自转一边移动,于是,钢针跟随振动板的振动强弱而发出相应的颤动,并在涂有石蜡的纸带上画出深浅不一的沟槽,最终,声音被记录了下来。

如果有人想重新听一遍所录的声音,依据上述原理,所要做的程序很简单,即缓缓摇动手柄,让声音从喇叭口出来就行。

爱迪生对自己的创意很满意,他立即将图纸交给助手克瑞西,并向对方炫耀道:“你可别小看它,这可是会说话的机器哦!”

克瑞西好奇地看着图纸,尽管没有看懂,但他觉得作为一个资深的发明家,爱迪生的话肯定没错。

于是,他兴冲冲地去找工程师制作留声机。

结果,工程师们对爱迪生的话不以为然,他们传阅着图纸,嘴里不时取笑道:“就这么个怪玩意儿,还想记录声音,痴心妄想吧!”

然而,不管怎么说,爱迪生的留声机在一个月不到的时间里还是做好了。

在拿到留声机的当天,爱迪生得意扬扬地请来一群亲朋好友,并把众人召集到一个小房间。

在房间的中央,盘踞着一个黑色的大怪物,它由大圆筒、传话机、膜板和曲柄组成,形状很滑稽。

爱迪生示意人们安静,然后他摇动曲柄,唱起了一首《玛丽的山羊》:“玛丽有只小山羊,雪球似的一身毛……”

大家惊讶地看着爱迪生表演,大气也不敢出一下。

当爱迪生唱完歌曲,他把振动板上的铜针又放回原位,然后再次轻轻地摇动曲柄。

奇迹发生了!

只听见留声机传出了歌声:“玛丽有只小山羊,雪球似的一身毛……”

这声音完全就是爱迪生的翻版,人们这才相信留声机确实有记录声音的功能。

很快,爱迪生发明留声机的事情传遍全城,媒体甚至给他封了一个雅号——

"科学界的拿破仑"。

从此,留声机走向了世界,这是人类历史上最早的录音器材,而后人们根据爱迪生的理论,又陆续发明了更先进的录音装置,让声音的还原不再是一个传说。

小知识

公元1878年4月24日,爱迪生留声机公司在纽约百老汇大街成立,并开始销售业务。他们将这种留声机和用锡箔制成的很多圆筒唱片配合起来,出租给街头艺人。

最早的家用留声机,是公元1878年生产的爱迪逊·帕拉牌留声机,每台售价十美元。

数千次的努力只为那一刻

爱迪生与电灯

说到电器，人们会联想到许多物品，如今科技发达，各种家用电器的更新换代异常频繁，但有一样极为简单的电器，哪怕它十年如一日地不变化，人们也依旧趋之若鹜。

那就是爱迪生发明的电灯。

电灯诞生于 19 世纪，在它出现之前，人们只能用煤油灯、蜡烛来照明，这些工具不仅不够亮，而且极易引发火灾，所以一到晚上，大家都很头痛。

爱迪生的门洛帕克实验室

爱迪生对电流知识烂熟于心，在他出生的年代，法拉第发现的电磁学原理，为电器的制造提供了可能。

这时，一个想法便在爱迪生心头升起：电流可以发光，为何不用它来制作电灯呢？而且电灯造好后，发电机还可以源源不断地为它制造电流，不是很方便吗？

其实在爱迪生之前，法拉第也尝试制造电灯，可是他做出来的灯光线十分刺眼，而且耗电量惊人，用不了多久就报废了，所以不能被用于日常生活。

爱迪生决心造出一种既耐用又光线柔和的电灯，他要让每个人的家里都装上自己的发明。

于是，他认真总结了前人的失败经验，然后将发光耐热的材料细分，这一分可不得了，竟然分出了 1600 种类型！

这么多材料，到底哪一种才是对的呢？万一都失败了，那心血不就全白费了吗？

面对挑战，爱迪生没有退却，他开始将 1600 种材料一个一个地进行实验，发现一般的金属材料在通电后往往撑不了多久就会断裂，只有白金这一种材料性能好一点。

可是他如果用白金作为电灯的灯丝,老百姓还用得起电灯吗?

爱迪生思量再三,决定放弃白金。

就在他接二连三地失败时,一些风言风语也传到了他的耳朵里。

那些卑鄙的人在他耳边不断地嘲笑:"根本就是无意义的研究,还做得那么起劲,真是精神病!"

甚至连记者也加入了打击爱迪生的队伍:"爱迪生的心血已化为泡影!"

爱迪生没有气馁,他坚决不去理会外界的眼光,因为他知道,自己肯定是对的!在接下来的日子里,他一共试用了六千多种材料,经历了七千多次实验,结果都无一例外地失败了。

有一天,爱迪生的一位朋友来看他,在得知爱迪生的困境后,朋友捋着长长的胡须,开玩笑地说:"你为什么非得找金属材料呢? 其他材料有没有找找看?"

这句话点醒了爱迪生,他盯着老友下巴上的长胡子,突然来了灵感,请求道:"能把你的胡子剪下一截给我吗? 我来看看行不行。"

老友怔了一下,随即很高兴地把胡子给了爱迪生。

非常可惜,胡子并不管用。

爱迪生遗憾地摇摇头,为自己耽搁了好友很长时间而感到抱歉。

谁知这位朋友居然不肯放弃,主动说:"要不你用用我的头发,看看效果如何?"

爱迪生没想到好友居然这么支持自己,顿时感动不已,然而头发和胡须的主要组成部分差不多,所以没有试验的必要。

他的朋友只好穿上外套准备回家。

忽然,爱迪生的眼睛亮了,他注视着好友的棉衣,叫起来:"你能给我一片你的衣服吗?"

好友很大方,爽快地剪下衣服的一角,将棉布递给爱迪生,然后告辞离去。爱迪生在送走好友后,又投入了紧张的工作中。

他将棉线从棉布中扯出,然后使其炭化,装入灯泡中。

接着,他的助手将灯泡里的空气抽干净,再将灯泡安装在通电的灯座上。此时夜幕已经降临,但大家都没有心思吃饭,而是聚精会神地盯着发光的灯泡看。

在众人紧张的目光里,这个灯泡居然足足撑了 45 个钟头! 这绝对是人类历史上的奇迹!

后来,这一天,也就是公元 1879 年的 10 月 21 日,就被人们定为了电灯发明日。不过,爱迪生并不满足,他还要让灯泡亮的时间更长,达到几百小时、几千小时!

他又开始了新一轮的寻找,终于找到了竹丝,他将竹丝炭化,结果让灯泡持续发亮的时间达到了 1200 小时。

从此,灯泡就步入了万千用户的家庭,爱迪生的愿望总算是实现了。

到了公元 1909 年,美国人库利奇又发现用钨丝做灯丝,能使电灯的使用寿命更长,于是人们再也不用为黑暗而担心了,那晚间大地上的一盏盏光亮,都是爱迪生等发明家的心血和结晶啊!

小知识

公元 1854 年,美国人亨利·戈培尔使用一根炭化的竹丝,放在真空的玻璃瓶下,然后通上电源发光。他的发明是首个实际的白炽电灯,但是并没有申请专利。公元 1858 年,英国人约瑟夫·威尔森·斯旺制成了世界上第一个碳丝电灯,但价格昂贵,普通老百姓用不起。公元 1879 年,美国发明家爱迪生通过长期的反复试验,终于点亮了世界上第一盏实用型电灯。

一个画家的奇思妙想

风驰电掣的电报

在近代史上，有一样通信工具为人类社会立下了汗马功劳，没有它，战争就打不起来，工业生产也无法进行，人类的基本交流也会受到很大的阻碍。

它就是电报，曾经家喻户晓的交流工具。

在电报还未产生的年代，分隔两地的人想沟通，唯有写信这一个办法。

可是就算用最快的交通工具，信件也得过几日才能送到，如果遇到什么紧急情况，还是不够快捷。

或许有人说，可以用电话啊？

可是，直到电报被发明之时，电话还没有出现呢！

早在公元1753年的年初，有一个苏格兰人就提出了一个大胆的设想，说人类可以利用电流来通信。

当时的技术不够先进，人们无法想象电流怎么可以转化成声音，于是这个想法就成了天方夜谭，供大家在茶余饭后聊一聊打发一下时间。

40年后，一对叫查佩的兄弟在法国的两个城市之间架设了一条所谓的"信息传送线路"，这条长度达到230千米的电路据说可以将信息从巴黎传送到里尔。

可是制造信息的工具都没有，光有锅没有米做饭怎么行呢？

又过了40年，俄国一名叫希林格的科学家受奥斯特电磁感应理论的启发，做了一台编码式电报机，这台机器用八根电线与电源相连，且被证实能够传送信息，让当时的人们为之欢呼雀跃。

但是，希林格的这台机器电线太多，使用起来很不方便，而且仍旧不能在极短的时间内传递信息，所以不能被广泛地用于实践中。

一切似乎停滞了下来，电报机的发明毫无进展，人们开始怀疑这个工具到底是否能够实现快速交流的功能。

事实证明，科技是不会因为一时的失败而停滞不前的，当一件新兴事物开始萌芽，必然会有一个人将其发扬光大。

只是这一次，上帝居然将电报的命运交到了一个画家手里。

该画家就是来自美国的摩斯。

就在希林格发明电报机那年,摩斯碰巧在欧洲游学,因而接触到了电报这个新鲜的事物。

他立刻产生了兴趣,开始奔跑于各大图书馆,研究电流的各种原理。

其实,摩斯的梦想是当一名世界顶级的大画家,但他对电流的热情却如夏日的骄阳一般炽热难挡,连他自己都觉得很神奇。

摩斯用了三年时间制作出一台电报机,而后他又在两年内不断完善着他的发明。

他的设计比希林格要简单很多,电报机上没有那么多电线,而且操作也很简单。

只是,一个巨大的问题依旧横亘在他面前:如何把电报发出去的电流和人类语言相互转换,且能使大部分人听懂呢?

摩斯日思夜想,他拿起画笔,开始在画板上画出一个又一个符号。

最终,他想明白了:电流是有语言的,它的语言就是火花!电流接通,语言是火花;电流断裂,语言是没有火花;电流持续不通时,语言就是没有火花的时长!

后来,他把这种想法变成了电流的"通"、"断"和"长断",发明出了举世闻名的摩斯电码。

1843 年对摩斯来说是个意义非凡的一年,他得到了国会赞助的三万美元资金,并在华盛顿和巴尔的摩之间修筑了一条长达 64.4 千米的线路。

很快,摩斯要发明快速通信工具的消息吸引了全世界的目光,而他也在第二年的五月被邀请到美国国会,进行第一次电报实验。

在实验当天,华盛顿的国会里座无虚席,摩斯的心脏跳动个不停,无数个可能的结局在他脑海中一闪而过。

"可以发报了!"主持人说道。

摩斯暗暗握了握拳头,站起身,用颤抖的双手在电报上摁出"滴滴"的声音。

这是人类历史上的第一份电报,内容取自《圣经》中的一句话:"上帝啊,你创造了何等的奇迹!"

摩斯的十几年心血没有白费,他成功了!虽然他没有成为全球知名的画家,但他却因电报而在科学界享誉盛名。

电报开启了电子通信时代的新纪元,虽然随着电话,特别是因特网技术的兴起,电报日渐衰落,但它在通信史上的地位依旧举足轻重,不会轻易被人们所遗忘。

90

一块小铁片的神奇功效

贝尔发明电话

在人类文明出现之后,实时通信一直是人们的渴望,古人们想出了一些千奇百怪的东西,如传送门、瞬息移动等,借此来满足日常生活中无法实现的愿望。

19世纪中期,摩斯发明了电报,第一次让实时通信成为可能。

但挑剔的人还是不满意,因为电报发出去的是代码,不是真正的人类语言,而且它传递的信息很简单,很多时候,人们准备了一肚子话,到发报时却只能发出去简单的几个字,未免有点浪费感情。

"如果我跟你说话,就像我们两个在当面交谈一样,该有多好!"美国波士顿大学的教授亚历山大·格拉汉姆·贝尔在信中这样跟友人说。

贝尔出生于英国,当他还是个年轻人时,他就跟着父亲在一家聋哑人的学校里教书。

电话的发明者贝尔

他目睹聋哑人学习知识的艰难处境,萌生出一个美好的梦想:发明一种机器,让聋哑人能用眼睛来"读"出声音!

后来,这个理想由于实现起来难度太大,而被迫搁浅,但贝尔一直没有放弃对声音转换技术的研究。他在成为教授后又开始对电报进行了研究,想制造出一台一对多的电报机。

可是,每次要把电报代码翻译成语言真的好麻烦啊!难道就不能直接通话吗?贝尔心想。

公元1875年的6月,贝尔与他的助手沃森在两个不同的房间里试验新型电报机的功能。

贝尔的房间里有一台电报机,他不断地在电报机上操作,那些代码透过电线流入沃森房间里的数台电报机上,然后沃森再跑到贝尔那里,把他所接收到的情况告诉对方。

一对多电报的进展很迅速,每次贝尔刚发完电报,沃森就跑过来说,他房间里的几台电报机都接收到了断断续续的信息,也许再过一段时间,信息的传送就会变得流畅无比。

正当贝尔向着自己预定的目标前进时,一个意外却发生了。

有一天,沃森正在等着贝尔发电报,突然之间,他发现一块磁铁黏在了一台电报机的弹簧上。

沃森毫不犹豫地把磁铁拉开,就在这个时候,他那台电报机上的弹簧发生了震颤。

几乎在同一时间,贝尔房间里的电报机上,弹簧也莫名其妙地震颤了一下,还伴随着嘈杂的声音。

贝尔迅速留意到这一点,立刻把沃森叫来,笑着问对方:"你刚才做了什么?"

沃森丈二和尚摸不着头脑,他想来想去,觉得自己没做过什么事情,就如实相告:"除了刚才碰了一下电报机的弹簧,其他没做过。"

贝尔又惊又喜,揣测道:莫非是电流把声音带过来的?所以我在一块小铁片后面放上一块电磁铁,然后对着铁片说话,使其产生振动,铁片一定会在电磁铁中产生电流,如果远处也有一块相同的装置,电流是不是就可以把声音传递过去呢?

"哈哈,沃森,我们的任务要改变了!"贝尔喜笑颜开地对助手说。

此后,贝尔和沃森就致力于电话的研究,尽管贝尔信誓旦旦地称电话能够代替电报,但沃森一直半信半疑。

有一次,贝尔不小心碰翻了桌上的一瓶硫酸,有一滴酸液溅到了他的手上,痛得他大声喊叫:"沃森,你快过来,我需要你!"

有那么一瞬间,远在另一个房间的沃森简直不敢相信自己的耳朵,因为他确实听到了贝尔的声音!

在怔了几秒钟之后,沃森飞快赶到贝尔的房间,向对方讲述了这个好消息。

公元 1876 年,在贝尔与沃森的欢呼声中,电话出炉。

从此,电话成为人们不可或缺的通信工具,直到今天,美国波士顿法院路的一栋房子上还钉着一块铜牌,写着:公元 1875 年 6 月 2 日,电话在这里诞生。

小知识

美国国会在 2002 年 6 月 15 日 269 号决议确认安东尼奥·穆齐为电话的发明人。穆齐于公元 1860 年首次向公众展示了他的发明,并在纽约的意大利语报纸上发表了关于这项发明的介绍。但是因为他家中贫困,公元 1874 年未能延长专利期限。贝尔于 1876 年 3 月申请了电话的专利权。

91 诺贝尔的冥想

如何让炸药有威力又安全

火药是中国的四大发明之一,不过中国人制造的火药威力比较小,到了近代,火药的师弟、杀伤性更强的炸药诞生了,它改变了战争的武器类型,让人类世界从此处于热兵器时代。

炸药的主要原料是硝化甘油,这种物质的产生还要归功于一位怕老婆的化学家。

在公元1839年,德国的舍恩拜趁妻子出门的时候在自家厨房做实验,他正忙得不亦乐乎,忽然听见门口传来了不大不小的动静。

舍恩拜非常害怕,以为妻子回了家,就想把实验器材收起来。

谁知他在手忙脚乱之际,没有收拾妥当,把一瓶硫酸和一瓶硝酸碰翻在地。

10世纪五代时期的敦煌壁画,目前所知最早的关于火药武器(右上方)的描绘

眼见两种酸液开始腐蚀地面,并翻腾着白沫,发出"嘶嘶"的声音,舍恩拜更加慌张,他拿起妻子的棉布围裙就去擦地。

好不容易,地是擦干净了,围裙却脏了。

舍恩拜想快点将围裙弄干,他便将围裙放到火炉上烘烤。

结果,火炉发出了一声惊天动地的响声,围裙瞬间就被烧成了灰烬。

这位惧内的科学家见妻子并没有回来,胆子又大起来,他接连做了几次相同的实验,发现浸有硝酸的棉制品在高温中确实会爆炸,于是,他便发明了可被用于制作爆炸物的硝棉。

后来,意大利人索布雷罗受硝棉的启发,用硝酸及硫酸去和甘油反应,结果得出了一种极容易爆炸的物质——硝化甘油。

炸药大王诺贝尔

索布雷罗无法控制这种黄色的黏稠液体,他在自己的笔记中这样写道:"这种液体将来能做何种用途,只有将来的实验能够告诉我们。"

不过,年轻的阿尔弗雷德·贝恩哈德·诺贝尔在看到硝化甘油后,可不想再等到将来,他要马上利用它!

诺贝尔知道硝化甘油极易爆炸,但他并不竭力阻止这种情况发生,相反,他还要让爆炸来得更加轻而易举。

他了解到只有在高温情况下,硝化甘油才会迅速爆炸,于是他便用火药引爆硝化甘油,从而制成了炸药。

为了表扬诺贝尔,瑞典科学会还专门给他颁发了金质奖章。

发明炸药的过程是极其危险且艰苦的,但炸药被制出来后,如何保存又成了一个新的难题。

有一次,诺贝尔在做实验时不慎用刀割破了手指,他赶紧拿了一块用来止血的硝棉胶贴在手上。

看着硝棉胶慢慢变红,他突发灵感:为什么不用硝棉胶来包装炸药呢?

原来,硝棉胶能吸收渗漏的硝化甘油,在一定程度上可以保障炸药的安全性。

但是,此种方法并不能做到万无一失,诺贝尔仍在寻求更好的解决之道。

没过多久,机会终于来临。

那是在一个宁静的午后,由于怕弄脏实验室,诺贝尔站在草地上向容器里灌硝化甘油。

他一不小心,把容器给打翻了,黄色的硝化甘油迅速流进土壤里。

"糟糕!"诺贝尔懊悔地喊了一声。

谁知此次事件竟然让他发现了苦苦寻觅的包装良方。

土壤能够吸收约等于自身体积三倍的硝化甘油,并且只要硝化甘油被土壤吸收,无论怎么折腾它,只要不引爆就会绝对安全。

诺贝尔欣喜至极,他由此发明了黄色炸药。

这种炸药相对来说比较安全,无论怎么刮擦,它都不会爆炸,即使子弹以很快的速度穿透它,它也毫无反应。

当诺贝尔发明安全型炸药后,他便开始在欧美等国到处开设炸药工厂,创建自己的炸药帝国,并因此赚了很多钱。

后来，诺贝尔看到各国政府利用他的炸药发动了无数次惨绝人寰的战争，不由地感到无限的悲哀，所以他设立了诺贝尔奖，并在该奖项中设立一个"世界和平奖"，以表彰为世界和平做出贡献的人们。

小知识

　　诺贝尔奖包括金质奖章、证书和奖金支票，分为物理奖、化学奖、医学奖、文学奖、和平奖、经济学奖六项。颁奖仪式每年于诺贝尔逝世的那一天，也就是 12 月 10 日颁发。其中诺贝尔奖颁奖典礼在瑞典、挪威两个国家同时举行。在挪威首都奥斯陆的市政厅，举行诺贝尔和平奖颁奖典礼，其他所有奖项的颁奖典礼则在斯德哥尔摩音乐厅举行。

92

一桩悬而未决的谜案

美俄的无线电之争

在世界发明史上,有一桩迷案至今都没有答案,那就是:无线电到底是谁先发明的?

欧美等国对此的回答是意大利人伽利尔摩·马可尼,可俄罗斯人不同意,因为他们国家的阿·斯·波波夫早在马可尼之前就发明了无线电。

这到底是怎么回事呢?

在 19 世纪下半叶,波波夫出生于乌克兰一个牧师家庭。

发明家马可尼

年幼时,波波夫就喜欢研究那些电子设备,如电池或者电子钟,后来他因为家境实在太贫穷,只好在上学期间兼职做其他工作,这才顺利毕了业。

公元 1888 年,赫兹首先发现了电磁波,这让波波夫大为惊喜。

既然电场和磁场中有波,而波具有传输性质,这就意味着一个地方的电磁信号能被传送到其他任何地方,如此一来,人们不就能快捷地分享彼此的信息了吗?

于是,波波夫用了六年的时间来研发能够接收电磁波的机器,最后他成功发明了一台无线电接收机,而这台机器上有一根天线,所以波波夫又成为发明天线的第一人。

又过了一年,波波夫带着他的发明到俄罗斯物理学会上做宣传,结果引起了物理学界的极大震撼。

照理说,波波夫的发明是一项非常有用的通信工具,应该能得到政府的支持。

谁知,就在波波夫向俄国政府申请区区一千卢布实验款项的时候,政府却采取了不理睬的态度。

一位军官甚至明确告诉波波夫:"我不允许把钱投入如此不切实际的幻想中!"

由于得不到支持,波波夫的无线电实验无法继续下去,最后竟然偃旗息鼓,白白浪费了一项伟大的发明。

就在波波夫被迫放弃他的实验时,意大利人马可尼也研究起无线电。

有趣的是,马可尼接触无线电同样是从赫兹开始的。

当时,马可尼只有 20 岁。

有一天,他碰巧在杂志上读到了电磁波的实验报告,顿时在心中升腾起一个愿望:如果自己能建一个接收机,便能接收到从远处传过来的电磁波。

事实上,马可尼的想法跟波波夫的一模一样。

随后,马可尼造了一台发射器,装在自家的楼顶上,他又在楼下安了一个接收器,并将该机器与电铃相连。

本来马可尼的父亲很不赞成儿子做实验,他认为这是在玩物丧志,可是有一天,马可尼接收器上的电铃大作,做父亲的才知道自己的儿子是个天才,他非常高兴,再也不吝惜给儿子资金援助,以便完善无线电的发明。

到了第二年夏天,马可尼干脆将发射器移到了距离他家约 3 千米的山上,而实验依旧大获成功。

马可尼比波波夫幸运,虽然他向本国政府寻求资金援助失败,但是英国人却向他伸出了橄榄枝,很多英国财团主动登门拜访,于是马可尼开始将无线电实验场所转向英国。

就在马可尼的无线电事业越做越大时,远在俄国的波波夫坐不住了,他觉得自己才是无线电的发明者,而马可尼纯粹是在"盗用"他的技术牟取暴利,这是非常可耻的行为。

于是,他向美国法庭提出诉讼,状告马可尼侵犯自己的知识产权。

马可尼得知后很生气,他对着媒体一再重申自己才是无线电的发明人,并严厉谴责波波夫的"卑鄙"行径。

总之,双方各执一词,互不相让,因而在美国传得沸沸扬扬,民众们对此也非常好奇,密切关注着官司的动向。

最终,法庭判定无线电的发明权属于马可尼,不知是由于身心俱疲还是太过悲愤,官司结束后的第二年,波波夫就因脑溢血去世了,年仅 47 岁。

因为无线电的发明,马可尼获得了诺贝尔物理学奖,这时俄罗斯人才意识到无线电的好处,他们真是追悔莫及。

结果,他们来了亡羊补牢的一招:拒不承认马可尼是无线电之父,而坚持认为波波夫才是第一个发明无线电的人。

93

19世纪末的重大发明

奔驰与汽车

在机动车中,汽车是数目最为庞大的交通工具,它的发明为人类的出行提供了便捷的服务,让车主的远途旅行不再成为奢望。

如今汽车已经走入千家万户,可是当初它却是个奢侈品,不是寻常人所能消费得起的。

汽车的创始人是大名鼎鼎的卡尔·弗里德利希·奔驰,他之所以会发明汽车,是因为他的父亲。

原来,奔驰的父亲是一名火车司机,就在奔驰出生前的几个月,因一场严重的交通事故而丧生。

母亲含泪将奔驰生下来,却一直没有告诉奔驰关于他父亲的事情。

小奔驰一天一天地长大,渐渐感觉出了异样。

有一次,他和母亲一起在公园里散步,看着别的孩子牵着父母的手欢愉地嬉戏着,不由地伤心起来,用苦闷的声音问母亲:"为什么别的小孩都有爸爸,我却没有?"

母亲听到这句话,心中封存已久的伤疤再度被揭开,她哽咽了,眼圈也开始泛红。

"奔驰,你的父亲是一个英雄,你知道吗?"母亲蹲下身,对儿子说。

在公园的长椅上,母亲缓缓对奔驰讲述了丈夫的遇难经过,奔驰听得痛哭流涕,他对从未谋面的父亲充满了敬佩之情。

从此,奔驰再也不会为自己没有父亲而难过了,相反,他会很骄傲地说:"我爸爸曾经是个火车司机。"

同时,他内心也有了一个愿望:要造一种崭新的交通工具,向父亲致敬!

为了实现自己的理想,奔驰拼命钻研科学知识。

16岁那年,他进入了技职学校学习机械制造,而那一年,恰逢法国工人鲁诺阿尔发明了内燃机,奔驰自然接触到了这一全新的机器。

当时的人们普遍使用瓦特发明的蒸汽机,并且蒸汽机已经发展了几十年,技术日趋先进,是初出茅庐的内燃机不能比拟的。

内燃机是通过燃烧煤气来发动的,但是它的速度很慢,所以并不讨人喜欢。

不过奔驰却对这种发动机产生了浓厚的兴趣,他一直都想改进内燃机的性能。

十几年后,已经组建家庭的奔驰成立了一家机械制造和建材公司,由于建筑行业不景气,他的工厂差点倒闭。

为了翻身,奔驰将赌注压在了内燃机上,他决定生产一种四冲程煤气发动机。

在历经 7 年的艰苦研发后,公元 1879 年的最后一天,奔驰制造出了世界上第一台单缸煤气发动机。

然而,奔驰依旧没有盈利,这是为什么呢?

原来,他的发动机是需要烧煤气的,而煤气携带不方便,如果泄露,将产生中毒的危险,甚至会置人于死地,哪里还有人敢用呢?

世界第一辆汽车

奔驰懊悔极了,他早就该想到这一点的,就在所有人劝他放弃内燃机的制造时,他却又想出一个点子:汽油是便于携带的,为什么不制造一台汽油发动机呢?

此时,奔驰的资产已经非常有限,但他还是东拼西凑,继续研制着新型发动机。

一晃又是几年过去了,奔驰终于制成了一款时速 12 公里的单缸汽油发动机,他还设计了一台三轮车,将发动机装在车上,公元 1886 年 1 月 29 日,世界上的第一台汽车诞生了!

奔驰一鼓作气,又发明了性能更加先进的"Velo"牌汽车。当他驾着车在大街上行驶时,所有人都惊讶地注视着这辆会咆哮的机器怪兽。

不过,奔驰依然没有赚到钱,因为他的汽车太贵了,老百姓根本买不起。

"为什么你不设计一种成本低廉的汽车呢?"有一位商人这样劝他。

奔驰痛定思痛,决定接受商人的建议,生产一种便宜的汽车。

公元 1894 年,一款售价 2000 马克的"自行车"问世,并在短短一年时间内卖出了 125 辆,奔驰终于摆脱了困境!

如今,"奔驰"已经成为世界闻名的汽车品牌,而各种品牌的汽车也是结构繁杂、性能卓越。不过,它们都得感谢奔驰,若没有这位对自己梦想从一而终的发明家,就不会有汽车这种交通工具的出现了。

94

人类第一次在天空自由遨游

莱特兄弟与飞机

目前,在所有的交通工具中,飞机的速度是最快的,有了它,人们只需要用十几个小时,就可以从一个大洲飞到另一个大洲,想当年,哥伦布可是花了好几年的时间呢!

说起飞机,就不能不提起两个人,他们就是美国的莱特兄弟,也是飞机的制造者。

莱特兄弟是怎么想到要发明飞机的呢?

莱特兄弟在公元 1919 年
贝尔蒙特公园航空会议上

原来,在很小的时候,他们就喜欢从高坡往下滑,还制造了一些稀奇古怪的滑坡工具,结果每次都被摔得鼻青脸肿。

父亲见儿子们对飞行这么感兴趣,就在圣诞节给他们准备了一个特殊的礼物——一个可以飞上天的小玩具,让两兄弟惊奇不已。

从此,一个愿望就在莱特兄弟的心中扎下了根——制造一架能载人的机器,在天空自由自在地飞翔。

从这之后,莱特兄弟开始观察起鸟在空中的动作。

他们很快留意到了老鹰,因为老鹰在飞翔时基本不用扇动翅膀,只需借助风力就可以滑翔很长一段距离。

于是,莱特兄弟模仿老鹰的飞行原理造了一台滑翔机,并试验成功,他们的滑翔机能飞到 180 米的高空。

"太好了! 我们能上天了!"莱特兄弟兴奋极了。

可是,如果遇到无风的日子,还是飞不起来啊!

"我们该造一种飞机,不用风力也能自己飞行!"弟弟奥维尔说。

哥哥威尔伯点点头,提议道:"汽车用发动机就可以行驶,我们的飞机是不是也可以利用发动机来起飞呢?"

206

奥维尔觉得这是一个好主意,他们就立刻设计起需要发动机的飞机的草图。

不过,他们的飞机最多只能装 90 千克的重物,当两兄弟向机械厂提出要订一个不足 90 千克的发动机时,所有的工程师都一口拒绝了,因为当时即便是最轻的发动机也要 190 千克。

还好此事被一个专门制造发动机的机械师得知,他居然保证能制造出莱特兄弟想要的东西。

莱特兄弟惊喜万分,他们焦急地等待了一段时间,终于得到了一个拥有十二马力、重量却只有 70 千克的汽油发动机。

有了发动机,是不是就万事俱备了呢?

莱特兄弟发现在飞机起飞时,还是需要一定的风力才能上天,他们想了很多办法,却始终一筹莫展。

有一天,奥维尔忽然想起小时候父亲送给他们的圣诞礼物,那个玩具有两片翅膀一样的东西,只要拉动皮筋,让"翅膀"动起来,玩具就能升空。

他顿时获得启示,做出了一个用数个金属扇叶组成的螺旋桨,并安装在飞机的前端,这样飞行起来就没有问题了。

既然飞机已经造好,就该让它上天去接受考验,可是莱特兄弟造出来的是一个前所未有的新玩意儿,从未有人驾驶着它飞上高空,飞行实验因而充满了危险性。

兄弟俩都不想让对方去冒险,便争着让自己上飞机,这时,哥哥提议抛硬币决定,弟弟同意了。

驾驶滑翔机着陆的威尔伯

投掷结果很快出炉,哥哥威尔伯成为驾驶飞机的第一人。

威尔伯雄赳赳气昂昂地挥别弟弟,坐到了飞机上,就在他刚升空的一刹那,飞机突然失去了控制,从三米高的地方摔落下来。

奥维尔大叫着,赶紧向威尔伯奔过去。

幸运的是,威尔伯和飞机都安然无恙,飞机之所以会坠落,是因为三米的高度不够让螺旋桨的转速达到能上天的程度,如果把起飞的高度调高,就不会出现这种事故。

在汲取了一次又一次的失败经验后,莱特兄弟终于对他们的飞机改造成功。

公元 1903 年 12 月 17 日,在一个寒风凛冽的阴天,奥维尔驾驶着"飞行者一号"飞机,在一群人的注视下升到 3 米多高的高空,随即平稳地向前飞去。

奥维尔共飞了三次,当他第三次飞行时,距离达到了史无前例的 255 米,威尔伯激动地跳起来,与弟弟相拥而泣,他们的梦想完成了!

美国政府对莱特兄弟的飞机十分重视,出资帮助他们开设了飞行公司和学校。而后,飞机如同雨后春笋般在世界各地涌现,在一百年的时间里,它成为最发达的交通工具之一。

小知识

公元 1904—1905 年,莱特兄弟又相继制造了"飞行者二号"和"飞行者三号"。公元 1904 年 5 月 26 日,"飞行者二号"进行了第一次试飞。公元 1905 年 10 月 5 日,"飞行者三号"进行了一次时间最长的试飞,飞了 38.6 千米,留空时间最长达 38 分钟——这说明莱特兄弟的飞机已经较好地解决了平衡和操纵问题。

公元 1906 年,莱特兄弟在美国的飞机专利申请得到承认。

95

冲洗照片时的战利品
塑料的合成

塑料是制造各种物品的材料之一,它结实耐磨,却又比金属轻便,所以很受人们的欢迎。如今,我们几乎能在各个角落里发现塑料的身影,这么有用的东西,当初是怎么被造出来的呢?

说起塑料的身世,它和摄影有着不解之缘。

19世纪时,摄影是一个颇为时髦的玩意儿,人们特别喜欢它,但又不太会使用它,因为摄影师需要极高的技术。

在当时,商店里是没有胶片和冲洗药水的,如果人们想拍照,除了一个照相机,其他的东西都得靠自己制作,这在无形中增加了摄影的难度,也让摄影师成为一份令人羡慕的职业。

不过,摄影对爱好钻研的英国人亚历山大·帕克斯来说,根本不算什么,由于经常调配冲洗胶片的药水,时间一长,帕克斯就熟能生巧了。

在拍下照片后,帕克斯需要去商店买一种叫"胶棉"的材料,它其实是一种浸泡在酒精和醚中的硝酸盐纤维素溶液,帕克斯将它和对光线敏感的化学药品涂在玻璃上,便生成了一种类似胶片一样的薄片。

几年后,帕克斯觉得自己制造的胶片清晰度不够高,就想尝试着让胶棉与其他化学物品混合。

有一天,他的妻子买了一些樟脑丸,塞进了帕克斯放置照片的柜子里。

后来,帕克斯想翻阅以前的照片,就打开了柜子,顿时,他捂住了鼻子。

好大的一股樟脑味啊!

帕克斯拿起那几粒白如雪球的樟脑丸,心想:樟脑丸能防蛀,如果用它来冲洗照片,是不是能让照片存放得更久一点呢?

于是,他将樟脑丸塞在口袋里,又冲进了洗照片的暗室。

他将樟脑捣成白色粉末,然后倒入胶棉中,用一根玻璃棒不断地在溶液中搅拌起来。奇怪的是,胶棉溶液中似乎有什么坚硬的物质被放了进去,而且似乎体积还不小。

帕克斯惊讶极了,他将那瓶溶液拿出了暗室,这才发现,瓶子里竟然有几块固体物质。出于好奇，他并没有把溶液倒掉，而是将那些固体拿了出来，还用手指掰了掰。

"居然可以弯曲！"帕克斯看着那些又轻又硬的固体，惊叹道。

凭着直觉，他认为这种固体肯定能被做成很多东西，于是他将其命名为"帕克辛"，并且到处找赞助商投资，最终开设了一家专门生产塑料用品的工厂。

帕克斯制造了很多小玩意儿，如梳子、纽扣、首饰等，不过他没有生意头脑，很快就赔了钱，工厂也倒闭了。

但是塑料这种东西却流传了下来，并很快被纽约的一名印刷工海亚特盯上了。当时有一家桌球公司的负责人抱怨说象牙太贵，造一个桌球要花费很多钱，此话无意中被海亚特听到。

海亚特想到了"帕克辛"，他灵机一动，决定生产一种既便宜又牢固的桌球。他把"帕克辛"改名为"赛璐珞"，然后与桌球商谈判，让对方将现有的一个市场卖给自己。

当交易谈妥后，海亚特的塑料桌球就上市了，这种桌球不怕摔、不怕碰，跟原先的象牙桌球没什么两样，而且当人们得知桌球不再用昂贵的象牙制成时，都玩得更放心了，也就平添出很多乐趣。

海亚特见有利可图，接着用塑料生产出了其他商品。到 20 世纪时，塑料的功能越来越强大，从此在人们的日常生活中拥有了举足轻重的地位。

小知识

塑料的发明还不到一百年，如果说当时人们为它的诞生欣喜若狂，现在却不得不为处理这些充斥在生活中、给人类生存环境带来极大威胁的东西而煞费苦心了。

塑料是从石油或煤炭中提取的化学石油产品，一旦生产出来很难自然分解。塑料埋在地下两百年也不会腐烂降解，大量的塑料废弃物填埋在地下，会破坏土壤的通透性，使土壤板结，影响植物的生长。如果家畜误食了混入饲料或残留在野外的塑料，也会因消化道梗死而死亡。

96

人生中最重要的一次感冒

青霉素的出现

感冒是一种常见病，尽管它不算大病，但发作起来也会让人极不舒服，甚至卧病在床，所以极不受人们的欢迎。

可是有一个人却对自己的一次感冒而感激涕零，如果让时光倒流，只怕他还会祈求上天再让他感冒一次。

这个人就是英国的细菌学家亚历山大·弗莱明。

公元1922年的一个冬日，弗莱明坐在实验室里，一边擦鼻涕一边流眼泪，完全无法安心工作，

前几天他因为吹了点凉风，结果患上了严重的感冒，由于最近手头上的事情多，他还想硬撑着在实验室工作，但是现在看起来，能撑着不打喷嚏就不错了。

"感冒真讨厌！"弗莱明又擦了一把鼻涕，懊恼地说。这时候，他看到手上正在研究的一个细菌培养皿。

忽然，弗莱明有了主意，他取了一点自己的鼻涕放到培养皿上，想看看感冒细菌究竟长成何种模样。

不过细菌的生长并非一蹴而就，所以弗莱明就将这个培养皿放入抽屉，然后安心去做别的事情了。

两个星期后，弗莱明的感冒已经好了，他也忘了培养皿的事，后来有人也得了感冒，他这才想起自己曾经的举动。

弗莱明把那盘差点被他遗忘的培养皿拿出来后，顿时目瞪口呆，原来他的鼻涕上并未长出细菌，倒是培养皿的其他部位遍布着黄色的霉菌。

亚历山大·弗莱明

这是怎么回事呢？难道说，人的体液中含有抗菌的成分？

为了证明人体有一种能杀死细菌的酶，弗莱明在很长的一段时间里都在索取同事们的眼泪。

结果大家都很怕见到他，媒体还戏谑地将此事登在报纸上，一下子让弗莱明成了"名人"。

弗莱明不为所动,他提炼出了溶菌酶,却失望地发现该物质并不具备治疗一般病菌的效果,因此只得继续寻找杀菌药物。

6年后,在九月的一个傍晚,他将一个装有葡萄球菌的培养皿放在了桌上,当时他急着要回家,因为第二天他就要去度假了,所以连培养皿的盖子都没盖,就仓促地走了。

10天之后,他回到了实验室,发现很多培养皿上都长满了细菌,就随手将它们收进水池,想进行清洗。

恰巧在这个时候,一个晚辈过来请教问题,弗莱明也真是运气好,他又走到水池边,随手抽出一个培养皿,想讲述一下细菌的生长过程。

这个培养皿里装的正是十天前的葡萄球菌,弗莱明仔细观察了一下,简直不敢相信自己的眼睛。

在这个培养皿上,有一摊青色的霉菌,取代了之前的金黄色葡萄球菌,而原先在培养皿上,可是长满了葡萄球菌的呀!

弗莱明断定这个青霉是由外界的青霉孢子飘到培养皿中,然后培育出来的,他欣喜万分,做了进一步研究,终于发明了世界上的第一款杀菌药物——青霉素,也就是盘尼西林。

后来在第一次世界大战中,青霉素发挥了巨大的作用,挽救了无数人的生命,为此瑞典皇家科学院在公元1945年给弗莱明颁发了诺贝尔医学奖,以表彰他对人类所做的卓越贡献。

小知识

公元1929年,弗莱明发表论文报告了他的发现。可是青霉素的提纯问题还没有得到解决,使这种药物在大量生产上遇到了困难。

公元1935年,英国病理学家弗洛里和侨居英国的德国生物化学家钱恩合作,重新研究青霉素的性质、分离和化学结构,终于解决了青霉素的浓缩问题。当时正值第二次世界大战期间,青霉素的研制和生产转移到了美国。

青霉素的大量生产,拯救了千百万伤病员,成为第二次世界大战中与原子弹、雷达并列的三大发明之一。

97

第一座核裂变反应炉的诞生

核武器的起源

核武器的破坏力有目共睹,如果地球上的核武器全部爆炸,相信人类将不复存在。所以迄今为止,核武器只掌握在少数几个国家手里。从物理学上讲,制造核武器的关键在于原子核的反应,而提供反应的装置被称为反应炉。

那么,世界上的第一台核反应堆是怎么来的呢?

这得从 20 世纪上半叶说起。

当时新西兰的一位物理学家卢瑟福发现用射线能将原子核中的质子打出来,而后原子核中的中子也被卢瑟福的学生查德威克打了出来,科学界立刻掀起了一股原子核能的研究,大家都想知道原子核里还能激发出怎样的潜能。

质子和中子是原子核的基本组成单位,也是那个时代人们已知的最小物质,有一些人就尝试着让质子去轰击原子核。

结果他们很失望,因为不会有任何物质从原子核里跑出来,相反,质子还会黏在原子核上。

当新的质子附在原子核上时,原先的元素就不复存在,转而生成了一种新的元素。

可是,这个结论却让德国的研究员莉泽和奥多很困惑,因为他们用游离的质子去轰击铀原子核时,发现质子根本不会附在原子核上。

出现这种情况只有两种可能:一、铀是自然界最重的元素;二、质子确实从铀原子核中打出了东西,但又马上和原子核结合,所以看起来就什么变化也没有。

"我不相信这世界上没有比铀更重的元素!"莉泽坚定地对奥多说。奥多点点头,鼓励着莉泽:"那我们就再去试试吧!"

他们这一试就试了十年,并经历了数百次失败的实验,最终还是没能窥探出端倪。

奥多觉得不能再重复试验了,他对莉泽说:"我们该换换思路了,如果质子没有附在原子核上,那铀原子核肯定是衰变成镭了,我们可以用非放射性的钡来探测镭元素的存在。"

莉泽觉得这个提议很有用,就同意了。

谁知，正当两人以极大的热忱重新开始工作时，希特勒上台了，他在整个欧洲掀起了一场迫害犹太人的战争，让犹太裔的莉泽处境岌岌可危。

为了生存，莉泽只好逃往他国。

她来到了瑞典，同时依旧秘密地与奥多联系。

在一个大雪纷飞的冬日，莉泽收到了来自奥多的一封长长的信件。

在信中，奥多大吐苦水，说实验又失败了！他用钡元素去做实验，结果却得到了数目更多的钡，简直让他费解。

莉泽读完信后也很困惑，她便去户外吹风。

雪花仍在她头顶上飘荡，还调皮地灌进了她的脖子里，冻得她直打哆嗦，但她的头脑倒是清醒了很多。

当她的双脚踩进积雪中，发出"咔嚓咔嚓"的声音时，她恍然大悟：那些多余的钡元素不是意外出现的，而是铀原子核加速了衰变，导致镭元素来不及生成就变成了钡！

至此，莉泽发现了核裂变原理，后来她因此被人们称为"原子弹之母"。

有了核裂变的理论基础，核武器的制造就成了可能。

公元 1942 年，美国的物理学家费米发现用碳中子去轰击铀原子核，会爆发出巨大的能量，他当下心血来潮，在芝加哥大学的足球场上建起了世界上的第一个核反应堆。

那一年的 12 月 2 日，42000 个石墨块和 7 吨氧化铀小球被有序地堆放在一起，由数百个控制棒控制着反应进程。

实验大获成功，也引起了美国政府的兴趣，后来在爱因斯坦的劝说下，军方投入了大笔资金开始实施制造原子弹的"曼哈顿计划"。

公元 1945 年，美国成功制造出了原子弹，从此人类的武器史被改写，拥有超强破坏力的核武器登上了历史舞台。

由于核武器威力太大，且具有放射性，全世界都强烈反对将其应用于战场，这一重量级的武器在出现之后迅速遭到禁用，展现了人们对于和平的一致渴望。

98

从庞然大物到灵巧的随身物品

计算机的发展

对民众而言,战争是残酷且血腥的,是不该再度发生的,但凡事有利也有弊,用于战争的武器和装备有时会促进科学技术的发展。

"我们需要你们设计一种机器,来计算炮弹的弹道。"第二次世界大战末期,美国军方找到了宾州大学的莫奇来博士,提出了以上需求。

其实很多东西都是在战争中发明的,比如坦克、潜水艇等,这次美国政府之所以有如此要求,一是想在同盟国面前展示一下自己的实力;二是美军发现人脑已经不能用于较复杂且精密的计算了,只有机器才有能力胜任这一职责。

不过,当时从未有一个"电子化"的计算机出现,莫奇来博士感到了一丝为难,但他并没有退却,而是勇敢地承担下了发明重任。

他挑选了自己的一个得意门生爱克特一起设计。

最开始,爱克特没有明白他们该做什么,就一次又一次地向老师提问:"博士,我们真的可以发明出能自动运算的机器吗? 可是我们连它长什么样都不知道呢!"

ENIAC 是计算机发展史上的一个里程碑

莫奇来见爱克特一脸的愁苦模样，不由地微微一笑，拍了拍这个年轻人的肩膀，宽慰道："不要着急，一步一步来，我们肯定能造出来的！"

从此，师徒二人日夜泡在图书馆和实验室里，查阅资料、讨论问题，他们用了一年时间画出了所要研发的机器的草图，并将该机器命名为"电子数字积分器与计算器"，简称就是 ENIAC。

这个 ENIAC 是个大家伙，光是图纸就画了好多张，如果真正制造起来，恐怕还是个大工程呢！

莫奇来博士担心经费不够，就向政府提出场地和资金的申请。

令他们意外的是，政府对于 ENIAC 的支持义无反顾，他们不仅拨了大笔资金供博士使用，还将大学里的一间教室指定为 ENIAC 的专用实验室。

于是，莫奇来和爱克特又整天与一堆真空管和继电器打起了交道。

"博士，你说计算机真的能代替人脑吗？"有时候，爱克特会这样对老师提问。

莫奇来笑了笑，他仰望天花板，认真想了一下，然后回答："应该不会，计算机再先进，也是由人脑设计的呀！"

公元 1946 年，ENIAC 终于完工了，2 月 15 日，美国人为其举行了隆重的揭幕典礼。

当大家看到它那庐山真面目的时候，无不震惊。

只见这个庞然大物长 50 英尺，宽 30 英尺，重达 30 吨，足足有 6 只大象那么重。

由于它使用了近两万只真空管，因而能在一秒之内进行五千次加法运算，而它这一运作，就是足足九年。

美国政府对这台机器并不是十分满意，因为它太大了，而且耗电量惊人，每次只要 ENIAC 一开机，整个费城西区的灯光都会瞬间黯淡无光。

另外，真空管的耗损也是一大问题。

ENIAC 体内的真空管平均每 15 分钟就会烧掉一支，而工作人员又得花 15 分钟找到这根管子并进行更换，为此，有一些嫉妒莫奇来的人讥讽道："这台机器能连续五天正常运转，发明它的人就要偷笑了！"

然而，无论 ENIAC 有多烂，无论大家怎么打击这台机器，一个由计算机所引领的新时代却已悄然来临。

莫奇来博士可能自己也没想到，他成了电子计算机的创始人，他的创举将被永载史册。

后来，美国的冯·诺依曼为计算机设计了计算机语言，使得计算机的运转速度得到成千上万倍的提升。

　　有了这些科学家的努力钻研,计算机的发展突飞猛进,如今它已经变成了身形灵巧的家庭设施之一,甚至可被装进一个信封中,但其计算速度却超过了以往任何一台电子机器,实在令人惊叹。

小知识

　　计算设备的祖先包括算盘,以及可以追溯到公元前87年的被古希腊人用于计算行星移动的安提基特拉机械。随着中世纪末期欧洲数学与工程学的再次繁荣,公元1623年德国博学家 Wilhelm Schickard 率先研制出了欧洲第一部计算设备,这是一个能进行六位以内数加减法,并能通过铃声输出答案的"计算钟"。

99

多年以后的另一个自己
克隆技术的出现

也许每个人都曾有过这样的想象：在另一个世界，有一个与自己完全一样的人，一样的容貌，一样的思想，你想观察他所做的一切，就好像在看自己一样。如今，这种想象有了科学根据，那就是"克隆"。

其实，克隆技术在生物学上早已有之，比如我们将柳条插进土里，让其生根发芽，就是克隆。

可是在克隆动物方面，科学家却在很长一段时间内没有获得进展。

直到 20 世纪中叶，美国两位科学家才克隆了青蛙，后来中国科学家童第周又成功克隆了一条鲤鱼，克隆技术才算真正步入民众的视野中。

不过以上克隆的都是小型生命体，大型动物的克隆却仍旧没有出现。20 世纪末期，英国胚胎学家伊恩·维尔穆特对克隆技术也产生了兴趣，他想克隆一种较大的生物体，来证明生命是可以被延续的。

那么，克隆哪种动物好呢？

伊恩将目光投向了绵羊。

公元 1996 年，他和自己的研究小组找来了三只绵羊，第一只是已经怀孕三个月的白脸母羊，另外两只都是黑脸的苏格兰母羊。

伊恩抽取了白脸母羊的乳腺细胞和一只黑脸母羊未受精的卵细胞，他将两个细胞的细胞核取出，然后把白脸母羊的细胞核小心地融入黑脸母羊的卵细胞中。

整个过程十分紧张，需要有精湛的技术和足够的耐心。

不过，这些对经验丰富的伊恩来说，并非难事，他所要担心的，是克隆的母羊是否能活着被生下来。随后，伊恩将更换了细胞核的卵细胞植入第三只黑脸母羊的子宫内，使其受孕，然后静候佳音。

可能有些人会感到奇怪：卵细胞没有受精怎么可能发育呀！

其实，早在融合两个细胞的时候，伊恩就做足了准备，他利用电脉冲使细胞核和卵细胞结合，而电脉冲产生的作用不仅于此，它还能让细胞分裂，形成胚胎，所以解决了不受精也能受孕的问题。

在随后的五个月内，第三只母羊的肚子一天天地大起来，科学家的心里紧张起来,他们不知道等待自己的将会是什么,因此每一天都在默默祈祷,希望实验就够成功。

公元 1996 年 7 月 5 日,历史性的时刻终于来临,伊恩他们接生了一只重达 6.6 千克的白脸母羊"多利",且其出生时身体十分健康!

克隆羊多利的标本

翌年,英国《自然》杂志报道这一消息,立即在全球范围内引发了一场克隆热潮。美国《科学》杂志还将多利的出生评为当年世界十大科技之一,而科学家们更是对此痴迷不已,于是,更多的克隆动物大量出现,"另一个自己"的梦想仿佛近在眼前。

不过,多利在六岁时患上了严重的肺病,以致科学家不得不对它进行安乐死。由于一只绵羊的正常寿命为十二年,而当初为多利提供细胞核的母羊正好是六岁,所以伊恩他们怀疑多利在出生时,具有的身体机能就已经达到六岁的水平了。

除了健康问题的担忧,科学家们还担心克隆人会带来伦理问题,且由于克隆人的生命是被操控的,所以他们的尊严和地位容易遭到忽视。

看来,"另一个自己"的愿望距离实现还有很长的路要走,但正如科学家所说:"你可以去考虑所能出现的一切问题,但你不能因此去反对科技的进步。"

小知识

　　克隆羊多利六岁的时候就得了一般老年时才得的关节炎。这样的衰老被认为是端粒的磨损造成的。端粒位于染色体的末端,随着细胞分裂,端粒在克隆过程中不断磨损,这通常认为是衰老的一个原因。然而,研究人员在成功克隆牛后却发现它们实际上更年轻。它们的端粒显示它们不仅是回到了出生的长度,而且比一般出生时候的端粒更长。这意味着它们可以比一般的牛有更长的寿命。但是由于过度生长,它们当中很多都过早夭折了。研究人员相信相关的研究最终可以用来改变人类的寿命。

100

一场持久论战的引爆
备受瞩目的避孕药

21世纪初,有杂志对200位知名历史学家做调查,探讨20世纪对全球影响最大的发明。出人意料的是,爱因斯坦的相对论和毁灭性极大的原子弹居然让位给了一颗小小的避孕药,这实在让人跌破眼镜。

278 不过,从中也能看出人们对避孕问题的重视程度。

在古代,由于没有有效的避孕措施,已婚妇女总是处于一种难言的痛苦中:她们会不断地怀孕,然后不断地生产,即便身体不适或者没有做好准备,也得被迫接受一个崭新的生命。

由于怀孕是女人的事,男人们似乎可以撒手不管了,因此很多女人对此很不满,抗议男人们的逍遥自在。

可是男人们却打趣说:"那你就别生啊!"

女人们自然不能随意控制生育,因此只好怨声载道地等待生产。

时光一晃到了20世纪,一位"好事"的科学家出现了,他在一次野外探险中竟然解决了全球女性的难题。

这位科学家就是美国化学家罗素·马可。

有一次,马可去墨西哥采集野生植物,他迷了路,结果意外地来到了一处人迹罕至的山谷中。在那里,他发现了一种长相奇特的野生山芋,由于在别的地方从未见过这个品种,他就采了一些带在身上。

马可在山中走了好几日,才终于精疲力竭地找到下山的出口,随后他发现自己所吃的苦简直物超所值,因为他在自己挖到的野生山芋中发现了一种可以避孕的天然激素。

于是,他制出了一款最早的避孕药,立刻在科学界引发了震撼,大家都将目光投向了避孕行业,并坚信这个行业一定拥有一片广阔的市场。

从此,科学家们在避孕药上的竞争日趋激烈,而谴责声也开始冒了出来。

社会上的舆论认为避孕药不该被生产出来,即便这种小药丸能够减轻女性的痛苦,因为它或许将带来社会风气败坏的负面影响。

不过科学家们依旧痴迷于这一科技的创新。

公元 1951 年，合成孕激素炔诺酮问世，这是避孕技术的一次重大突破，从此口服避孕药的飞速发展。

到了 20 世纪 60 年代，美国与德国都在市面上推出了第一款避孕药产品，这让女人们奔走相告。

在贫民窟，以前经常有妇女一手抱着孩子，另一只手牵着孩子，背上再背一个，疲惫不堪地走在狭窄的街道上。如今她们的脸上总算出现了光彩，因为她们可以主动替自己计划什么时候要有孩子了。

富人们也有了一些变化。

以前她们都靠口头传授生理知识，而现在市面上到处都在兜售避孕药，她们因而能从公共场合得知避孕知识，对自身而言，亦是一大进步。

可是关于避孕药的争论却愈演愈烈。

一些人们认为避孕药会引发一系列伦理问题，会使人们自甘堕落，体会不到约束带来的罪恶感。

由于舆论压力，当时的医生只给已婚妇女开避孕药方，而妇女们还要想方设法编织冠冕堂皇的理由——解决紊乱的经期。

当时一些思想前卫的媒体对此很不满，一家名叫 Konbret 的杂志在公元 1968 年干脆开出了一个清单，告诉单身女性，有哪些医生可以给她们提供避孕药。

此举在社会上引发了轩然大波，却激发了女权主义者和进步人士的斗志，一时间，关于"选择自由"的游行在大街小巷轰轰烈烈地展开了，呼吁解放女性的声音越发热烈。

经过 20 年的发展，到了 20 世纪 70 年代，人们总算接受了避孕药，不再将其视为洪水猛兽。

从此，避孕药成为药店里的寻常物品之一，它为万千女性提供了帮助，成为人类社会的一大功臣。

小知识

世界上最古老的避孕药也许是由四千年前的古埃及人发明使用的。那是一种用石榴籽及蜡制成的锥形物，石榴籽带有天然雌激素，这东西完全可以跟避孕药一样抑制排卵，虽然不像现在的药片那么有效，但是的确能够抑制怀孕。